ぜひ知っておきたい
日本の冷凍食品

● 野口正見・白石真人

幸書房

はじめに

日本冷凍食品協会の冷凍食品に関連する諸統計によると、二〇〇八（平成二十）年の冷凍食品の消費量は二四七万トンで、対前年比では九二・七％に減少しました。これは、日本人の主食である米の消費量約七八四万トンに比較して、三割強に匹敵するボリュームであり、国内生産量一四七万トン、冷凍野菜輸入量七七万トン、調理冷凍食品輸入量二三万トンがその内訳です。これらの数字から、国民の食生活に冷凍食品がいかに重要な役割を果たしていることが窺えます。しかし、二〇〇八（平成二十）年に発生した中国製冷凍ギョーザ事件、冷凍野菜インゲン事件は対前年比で約二〇万トンの減少をもたらし、冷凍食品業界は大きな打撃を受けました。

筆者の、冷凍食品との出会いは一九六九（昭和四十四）年でした。日本冷蔵株式会社（現ニチレイ）が大阪の高槻市に冷凍食品専門工場を建設し、そこに配属されたのが始まりです。一九六四（昭和三十九）年、東京オリンピックの選手村の食材として使われたのを契機に、冷凍食品は国民的関心を集め、折からの大型消費景気や外食産業の勃興、生活意識の変化などの要因により驚異的な伸長を示し、昭和四十年代の花形成長商品といわれました。また、昭和四十四年は日本冷凍食品協会が設立された年でもあり、まさに冷凍食品業界飛躍へのターニングポイントの年でもありました。

以来、製造現場で生産に携わり、工場長として運営に当たり、生産部長として経営に参画してきました。昭和四十四年当時の冷凍食品の年間生産量は一二万三千トンでした。以後、二十倍以上となる成長の軌跡を生産現場から見てきました。

冷凍食品は一九四五（昭和二十）年、終戦後に進駐してきたアメリカ軍とともに上陸してきたと言われています。調理された冷凍食品がユーザー用に小口パックされていたそうで、冷凍魚しか知らなかった当時の食品関係者に与えた衝撃は相当なものであったと思われます。日本の冷凍食品はそのようなところからのスタートでしたが、現在では日々の食生活になくてはならないものになっています。したがって冷凍食品は、戦後に生まれ、ゼロから年間消費量二四七万トンにも成長した「すぐれもの」であると筆者は評価しています。

戦中・戦後の食糧不足時代に、北海道などから粗悪な冷凍魚（スケソウダラ）が低温輸送の設備がないまま東京に運ばれ配給されたことにより、「冷凍品は品質が悪く、まずい」との先入観が根強く残っていました。そのため、普及活動や啓蒙活動が冷凍食品協会の重要なウエイトを占め、冷凍食品のパイオニアといわれるニチレイの『三十五年史』にもそのことが多くのページを割いて記述されています。この、「冷凍品はまずい」との消費者の先入観には長い年月悩まされ、品質の信用回復の大変さを身にしみて体験しました。

一九九六（平成八）年のO157による食中毒事件を皮切りにして、二〇〇〇（平成十二）年の乳業メーカーの牛乳食中毒事件、鳥インフルエンザ、牛肉のBSE問題、エビやウナギの抗生物質残存、野菜の残留農薬問題、未承認食品添加物検出、さらには経営層の法令遵守欠如による産地偽装、賞味期限改ざん等の事件や問題が次々と発生し、消費者の信頼を失いました。冷凍食品業界においても、二〇〇二（平成十四）年の冷凍ホウレン草残留農薬問題、二〇〇八（平成二十）年の冷凍ギョーザ農薬混入事件等が発生し、冷凍食品への信頼は傷つきました。冷凍食品業界は安全な商品を提供すべく品質保証体制の見直し、再構築と企業倫理の確立に努力し、消費者の信頼を回復しなければなりません。本書で企業や現場での安全・安心への取り組み等を紹介することで、信頼の回復への一助になれば幸いです。

冷凍食品の品質と保存性を担保する基幹技術は「冷凍技術」です。本書では貯蔵と鮮度維持（とれたて、作りたて）の仕組みをわかりやすく解説し、冷凍食品の本質を理解してもらいます。

さらに、冷凍食品の成長の軌跡をたどりながら、それらに影響を与えた商品、流通チャンネル（卸売問屋・スーパーマーケット・外食産業・生協）、電気機器メーカーとの連携、包装資材メーカー、生産機械メーカー等周辺関連業界との連携、海外進出、開発輸入について解説します。また、主要商品の製造工程についても説明し、理解を深めていきます。

読者としては消費者アドバイサー・相談員、商品仕入・販売担当者、原料・副原料・包装材料等の関連会社新入社員、学生などを対象にしており、冷凍食品の知識の普及に役立てればと願っています。

共同執筆者については、農学博士白石真人氏にお願いし、学術面でのフォローー体制を敷きました。

二〇一一年 四月一日

野口 正見

目次

第一部　日本の食卓を支える冷凍食品と海外進出で企業が直面した安全問題

一．日本の食卓を支える冷凍食品――数字で見る冷凍食品と食生活――

■冷凍食品の消費量―国民一人当たり一八・五kg／年

日本で冷凍食品という分野ができたのは、統計がとられ始めた年を最初とすれば、一九五八（昭和三十三）年がその年に当たる。それから半世紀、戦後ゼロから出発した冷凍食品の消費量は、二〇〇六（平成十八）年に二六九万二千トン、金額にして九二八二億円にまで伸長した。

冷凍食品の消費量から見ると、これは日本人の主食であるコメの純食料仕向け量七八四万一千トン（「平成十九年度食糧需給表」より）の三分の一に相当し、日本の食卓を支える重要な役割を果たしていることがわかる。国民一人当たりに換算すると、年間約二一kgの消費である。しかし、二〇〇八（平成二十）年一月に発生した、農薬が混入していた中国製冷凍ギョーザ事件、同年十月の、同じく中国から輸入した冷凍野菜インゲンの残留農薬事件により、冷凍

表1.1　2009（平成21）年度　日本の冷凍食品の消費量

	冷凍食品国内生産量	冷凍野菜輸入量	調理冷凍食品輸入量	冷凍食品消費量　計	国民1人当たりの消費量
数量（トン）	1,396,035	760,997	201,826	2,358,858	18.5kg
対前年比％	94.9	92.7	86.9	95.3	95.3％
金額百万円	636,469	104,698	91,590	832,757	
対前年比％	95.5	94.2	88.4	93.7	

注：冷凍食品国内生産量（日本冷凍食品協会調べ）、冷凍野菜輸入量（財務省貿易統計より）、調理冷凍食品輸入量（日本冷凍食品協会調べ）

食品に対する消費者の信頼は大きく失墜した。

さらに、翌年のリーマンショックに始まる金融危機発生は、世界的な景気の後退を招き、それに日本のデフレ進行も加わり、二〇〇六（平成十八）年をピークに、冷凍食品の消費量は大きく減少してしまった。表1・1は二〇〇九（平成二十一）年の冷凍食品の消費量である。

消費量＝国内生産量＋冷凍野菜輸入量＋調理冷凍食品輸入量であり、各項目の現状は図1・1のとおりである。

■国内生産量

消費量の約六割を支える国内生産量は、二〇〇六（平成十八）年の一五四万五千トンをピークに減少している。原因は、一九九七（平成九）年より海外からの調理冷凍食品輸入が増加したことが影響している。とくに中国からの輸入が急増した。その内訳も、原料の輸入から付加価値の高い加熱済みの加工品、例えば鶏ブロイラー（原料）から鶏から揚げ（製品）にシフトするなど、調理済みの冷凍食品が国内の低価格志向と相まって低価格で輸入され、国内生産量の減少につながった。二〇〇九（平成二十一）年は、国内生産量一三九万六千トンを六四七（対前年比八八・五％）の工場で生産した。

図1・2で示されるように、冷凍食品の生産は一九六五（昭和四十）年から第一次石油ショックの発生した一九七三（昭和四十八）年までの八年間で、三万トンから三〇万トンを超え、市場が急激に拡大したことを物語っている。その頃は日本経済も高度成長期で、スーパーマーケットの勃興期にもあたり、新しい店には冷凍ショーケースが設置され、家庭への普及に拍車がかかった時期とちょうど重なるのである。

さらにこの時期、一九七一（昭和四十六）年に旧雪印乳業（株）、一九七二（昭和四十七）年には味の素（株）といった日本を代表する大手有力食品会社が冷

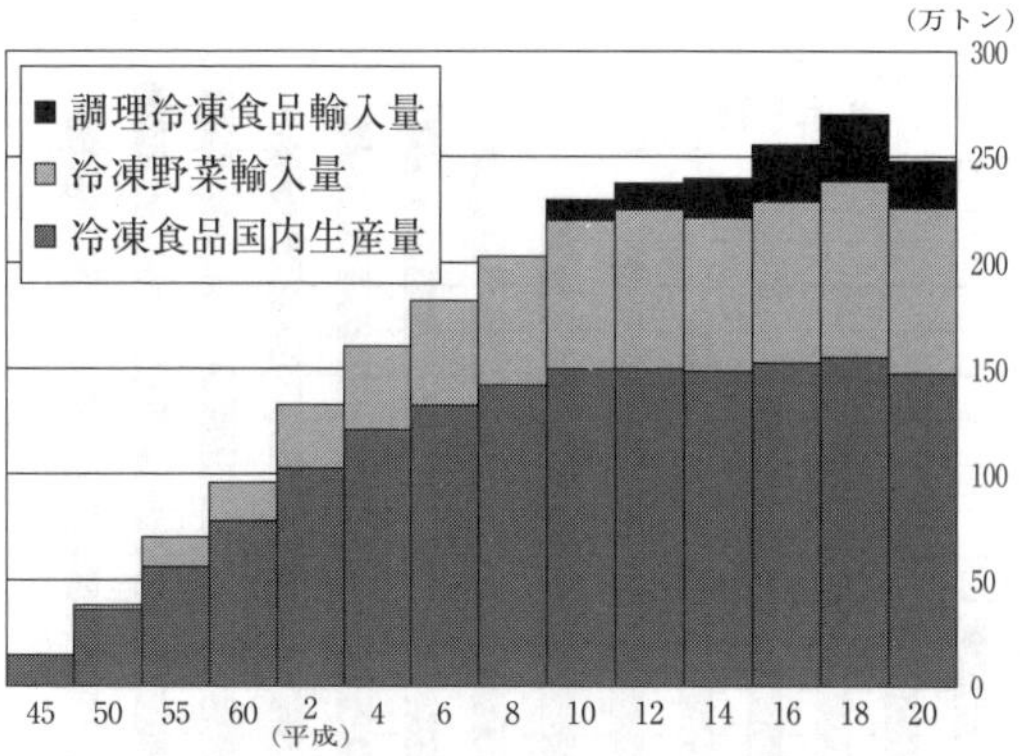

図1.1　冷凍食品国内消費量の推移
（日本冷凍食品協会HPより）

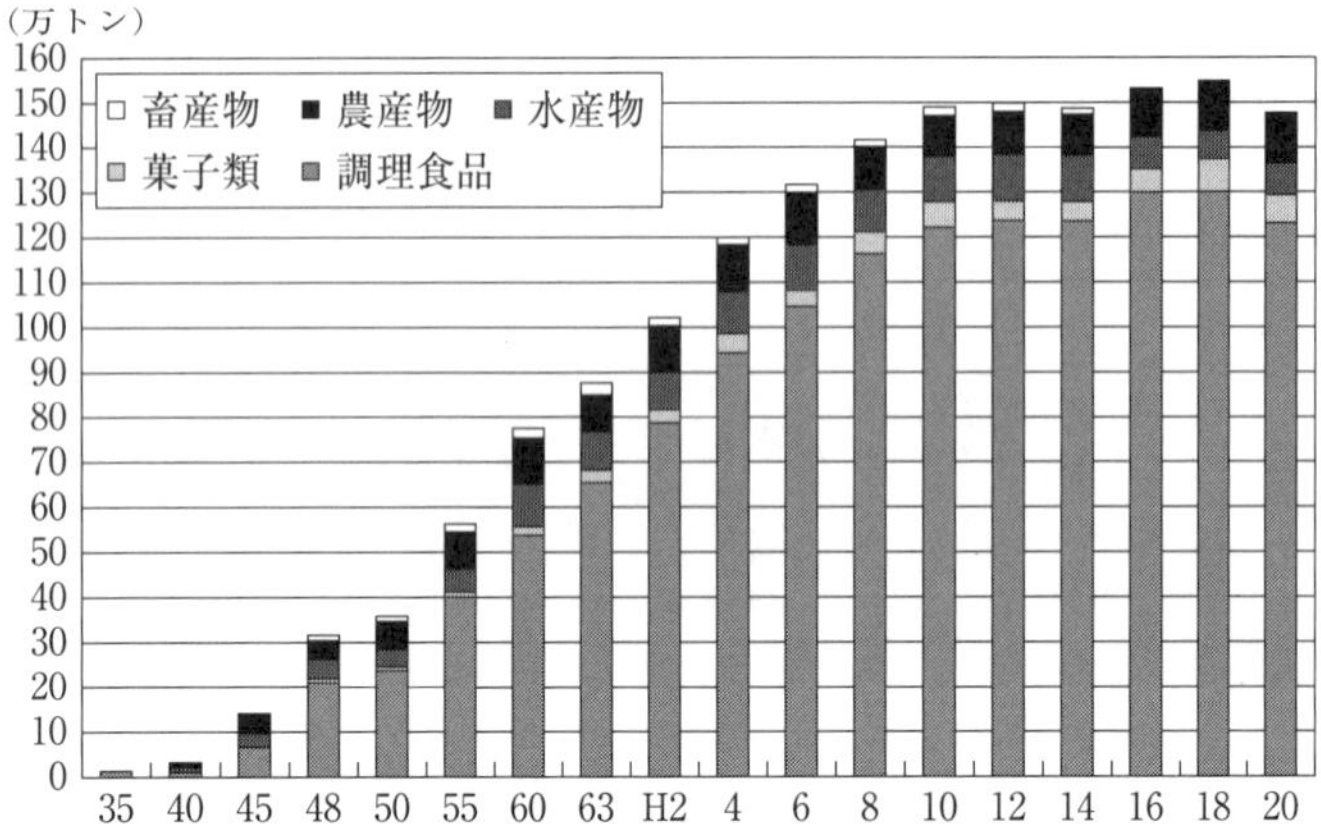

図1.2　冷凍食品国内生産量の推移

（日本冷凍食品協会 HP より）

凍食品に参入し、食の成長分野として認知されだした。これにより、多くの食に関係する会社が冷凍食品を生産するようになり、生産量が急増し、一九六九（昭和四十四）年設立の（財）日本冷凍食品協会の会員数も急激に増加した。冷凍食品の成長率と日本経済の成長率との関係を表1・2に示した。

図1・2で示したように、日本の冷凍食品の特徴は、調理冷凍食品が全体の生産量の八〇％以上を占めていることである。お総菜・おかずをはじめとして米飯、うどん、中華麺、パスタが加わり飛躍的に生産量は拡大し、現在の状況となった。

冷凍食品先進国の米国はこの逆で、二〇〇七年度冷凍食品統計によると、素材七〇％、調理加工品三〇％の比率であった。素材の構成要素は、野

表1.2　冷凍食品生産数量対前年比と日本経済成長率の比較

年度	前年度比％	成長率	特記事項
1965（昭和40年）	130.6	6.2	オリンピックの翌年
1966（昭和41年）	143.4	11.0	生活様式の変化、調理食品需要増
1967（昭和42年）	142.6	11.0	同上
1968（昭和43年）	142.5	12.4	同上
1969（昭和44年）	160.2	12.0	日本冷凍食品協会設立
1970（昭和45年）	114.2	8.2	大阪万博開催
1971（昭和46年）	130.2	5.0	旧雪印乳業（株）参入
1972（昭和47年）	133.1	9.1	味の素（株）参入
1973（昭和48年）	129.8	5.1	第一次石油ショック（12月）
1974（昭和49年）	106.6	－0.5	石油ショックのダメージ

注：成長率は経済成長率（％）

菜、果実、果汁、畜肉、鶏肉である。販売高は二一七四万五千トン、一人当たり消費量六九・一kg（日本の三・七倍）と、日本を圧倒する量である。

（資料：Quick Frozen Foods International）

■国内生産量の用途別生産数量

第一次石油ショック後の一九七五（昭和五十）年以降は、家庭用冷凍食品が伸び悩んだ。冷凍食品はエネルギー多消費商品であると烙印を押され、また大型のヒット商品にも見るべきものがなかったためと推測される。

ちょうどそのころ、ファミリーレストラン、お持ち帰り弁当等の外食産業が国民の購買力の向上とともに発展期を迎え、業務用冷凍食品が伸長し、その後一九九六（平成八）年まで、市場は順

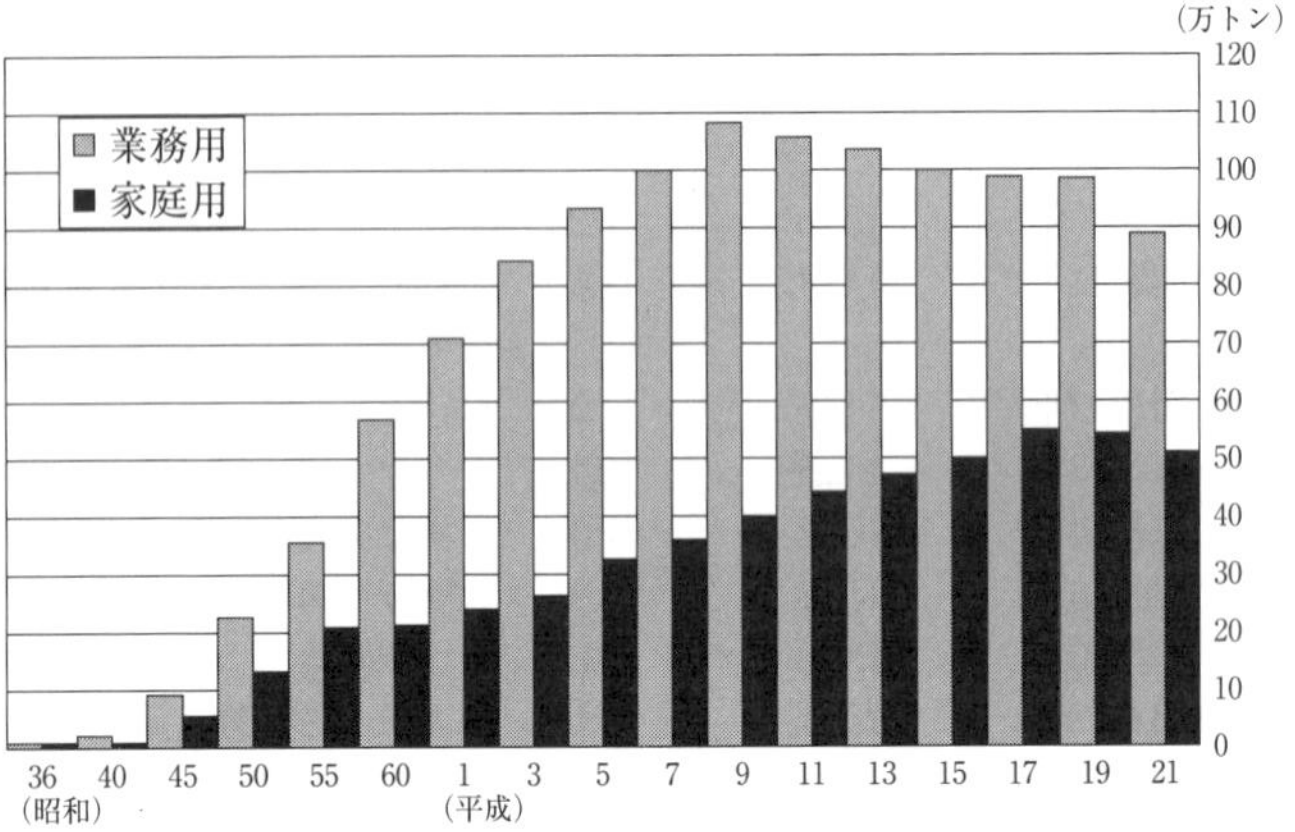

図1.3　業務用と家庭用の冷凍食品生産量の推移

調に拡大していく。しかし、一九九七（平成九）年より調理冷凍食品の輸入が増加し、外食産業や総菜部門に供給されるようになると、国内の業務用生産は停滞期を迎えることとなった。

一方、家庭用は、「から揚げ」などのチキン製品、「米飯・おにぎり類」、「うどん、その他の麺類」、「電子レンジ対応商品」などの新分野、主食分野を開拓した大型商品の開発が成果を上げ、一九八七（昭和六十二）年頃より上向き始めて順調に生産を伸ばしてきた。業務用と家庭用の生産数量の推移を図1・3に、用途別推移を表1・3に示す。家庭用も業務用も中国製冷凍ギョーザ事件の影響が顕著に数字に表れている。

表1.3　冷凍食品用途別国内生産量の推移（日本冷凍食品協会HPより）

		平成17年	18年	19年	20年	21年
生産数量	業務用（トン）	988,879	973,203	983,339	945,556	886,898
	（対前年比%）	(98.9)	(98.4)	(101.0)	(96.2)	(93.8)
	家庭用（トン）	550,130	572,001	544,225	525,840	509,137
	（対前年比%）	(104.4)	(104.0)	(95.1)	(96.6)	(96.8)
	計　（トン）	1,539,009	1,545,204	1,527,564	1,471,396	1,396,035
	（対前年比%）	(100.8)	(100.4)	(98.9)	(96.3)	(94.9)
構成比	業務用（%）	64.3	63.0	64.4	64.3	63.5
	家庭用（%）	35.7	37.0	35.6	35.7	36.5

■冷凍食品―どの食品が多いのか？　品目別生産数量

冷凍食品は、大分類として「水産物」・「農産物」・「畜産物」・「調理食品」・「菓子類」の五つに分けられ、中分類としては、「農産物」が「野菜類」と「果実類」に、「畜産物」が「食鳥類」・「肉類」に、「調理食品」は「フライ類・天ぷら・揚げもの類」と「フライ類以外の調理食品」に分けられる。

二〇〇九（平成二十一）年の五大分類の構成比は、調理食品が八四・〇%と最も大きく、このうちフライ類が二三・五%、フライ類以外の調理品は六〇・五%であった。

調理品のほかは農産物七・三%、水産物四・七%、菓子類三・六%、畜産物〇・四%の構成となっている。調理食品の小分類別上位二十品目の生産数量については、二〇〇九

（平成二十一）年は表1・4のとおりである。

昭和四十年代はシューマイ、ギョーザ、ハンバーグ、コロッケ、エビフライが重要五品目と言われており、コロッケは当初より首位の座を占めていた。また、上位三品については工場出荷単価が安いことが特徴で、うどんが一四〇円／kgと最も安く、コロッケは三〇二円／kgと二番目であるが、数量的には価格の安いうどんが追い抜きそうである。三位はピラフ・炒飯類で、キロ単価は三五六円と、上位三品はいずれも調理冷凍食品平均単価四四四円を下回っている。量販商品、ロングセラー商品へのヒントは、このようなところにあるのかもしれない。

■新商品の傾向

二〇一〇（平成二十二）年春に発売された新商品（リニューアルを除く）は家庭用一五七品目、業務用三二五品目となり、ギョーザ中毒事件以降減少傾向にあったが、増加に転じ、業界の新市場創造、新しいユーザーの取り込みへの挑戦意欲がうかがえる。期待される新商品群として、次のようなものがあげられる。

①　味の素冷凍食品（株）が『焼くだけベーカリー』三品を地域限定（首都圏、長野、新潟）で発売した。解凍も発酵もせずに、ただオーブンで焼くだけで焼きたてのパンが家庭で手軽に

表1.4　国内生産数量上位20品目（日本冷凍食品協会HPより、一部改変）

順位 H21	順位 H20	品目	生産数量（トン）	構成比（%）	1kg当たり金額（円）
1	1	コロッケ	156,767	11.2	302
2	2	うどん	141,486	10.1	140
3	3	ピラフ・炒飯類	101,153	7.2	356
4	6	ハンバーグ	64,668	4.6	528
5	4	カ　ツ	63,295	4.5	567
6	5	菓子類	50,409	3.6	586
7	9	ギョーザ	37,944	2.7	618
8	8	シューマイ	36,557	2.6	567
9	10	グラタン	29,945	2.1	626
10	7	ミートボール	28,926	2.1	488
11	11	卵製品	28,176	2.0	487
12	12	たこ焼き・お好み焼き	27,187	1.9	402
13	13	春　巻	23,176	1.7	382
14	16	おにぎり	19,941	1.4	319
15	15	ピ　ザ	18,389	1.3	575
16	17	魚　類	18,329	1.3	821
17	19	パン・パン生地	16,286	1.2	392
18	14	鶏から揚げ	16,147	1.2	660
19	21	シチュー・スープ・ソース類	14,609	1.0	606
20	23	えび類	12,780	0.9	780

楽しめる商品である。パン生地ではなく、パンそのものなので新分野である。

② 味の素冷凍食品の『こだわり三元豚のとんかつ』は、原料にこだわった商品である。

三元豚とは、雑種強勢効果と繁殖性、産肉性、肉質のバランスをとるために三種類の純血種を掛け合わせたものである。独自に選んだ三種の豚の掛け合わせにより、差別化された肉質を創りだしている。

③ニチレイフーズ（株）は、鶏の屠殺から採肉、加工、包装までの一貫ラインの工場をタイに建設した。餌、飼育の管理から、屠殺、骨抜き、採肉し、そのままラインで加工工程に連続して供給される。極めて新鮮で安全な製法であり、合理化された製造工程である。品質・価格・物量ともに安定した供給体制で、「農場から食卓まで」の最短距離の生産体制である。

④日本水産（株）は、南米チリのホキ（タラ目マクルロヌス科の魚）を中心にした白身フライを提案した。これも自社原料の優位性にこだわった商品である。

⑤ニチレイフーズは、個食（二五〇g）に小分けした米飯を販売した。独身者、独居高齢者向け新規ユーザーの開拓である。現在の四五〇gや五〇〇gのパックでは多すぎるためである。さらに、電子レンジで袋ごと調理可能なピロー包装を採用している。

⑥味の素冷凍食品は、新製法の高温蒸気フライ製法商品『揚げずにサクッとさん　ふっくら白身魚』を二〇一〇年秋に発売した。油で揚げずにフライ製品を製造したものである。油離れの消費者を捕まえられるか？　楽しみである。

このように、こだわり素材、新分野、新技術を駆使して売場を元気に、消費者を驚かす商品開発に挑戦することが、冷凍食品分野を以前の勢いにまで戻す施策であろう。

他にもユーザー取り込みにふさわしい新商品が存在すると考えられるが、筆者が期待できそうな新商品を取り上げてみた。それらの商品のキーワードをまとめると、簡便さ、良い素材、衛生・安全性、健康志向、単身者・高齢者向け、というような開発傾向ではないだろうか。

■冷凍野菜の輸入数量について（二〇〇九・平成二十一年度）

冷凍野菜の輸入については、消費量の約三割強を占める重要な部門であり、中国とアメリカからの輸入が大半を占めている。ポテトの圧倒的な輸入量でアメリカがトップの輸入国であったが、二〇〇〇（平成十二）年に中国の急激な進出でトップの座が交代した。品目ではポテトと豆類（エンドウ、インゲン、枝豆、その他の豆）が多くを占め、続いて「その他野菜類」の伸び率が近年高くなってきている。

二〇〇九（平成二十一）年の数量と金額については、輸入数量七六万一千トンで、対前年比九八・七％。金額一〇四七億円、対前年比八四・二％となっている。

冷凍野菜は早くから輸入されており、一九六三（昭和三十八）年九月に、日本冷蔵（株）（現ニチレイ）が豪州からグリーンピース二〇トンを輸入したのが始まりで、主にフレンチフライドポテトとミックスベジタブル、コーン等がアメリカ・カナダから輸入されていた。それらの野菜は、近年では台湾、タイ、中国からの輸入が増加している。残念ながら、二〇〇二（平成十四）年に中国産のホウレン草による冷凍食品で残留農薬の問題が発生し、消費が落ち込んだ。以後、中国の食に関する諸問題も発生し、いまだ回復に至っていない。

二〇〇四（平成十六）年五月に輸入冷凍野菜品質安全協議会（凍菜協）が設立され、日中冷凍野菜品質安全会議、日台冷凍農産品生産販売懇談会を催し、品質向上、農薬検査のレベル向上などの意見交換がなされている。このような品質向上の仕組みを作り、努力がなされているが、まだ中国からの輸入は回復していない。図1・4に冷凍野菜の輸入量の推移を示した。

輸出国と品目については、表1・5にあるように、中国二九万六千トン、アメリカ三〇万二千トンで、上位二国が全体の七八％を占めている。とくに中国の冷凍野菜は食卓に浸透しているため、品質の管理監督による安全性の確保と、実態の広報による安心感を、消費者にきちんと説明することを怠ってはならない。

品目別では、ポテト三二万トンのうち、アメリカ二五万七千トン、カナダ三万トン。豆類一〇万三千トンのうち、中国四万二千トン、台湾二万二千トン、タイ二万トン。コーン四万三千トンのうち、アメリカ二万九千トン。里芋三万八千トンのうち、中国三万八千トン。ホウレン草二万二千トンのうち、中国一万八千トン、ベトナム一六〇〇トン、台湾一五〇〇トンとなっ

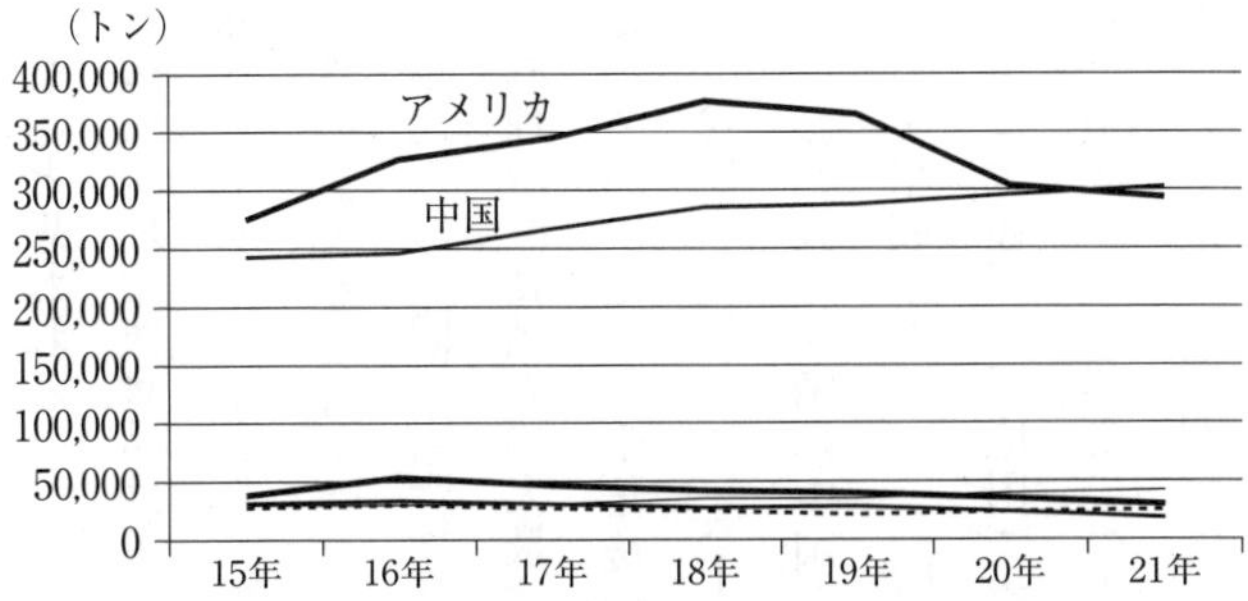

図1.4　主な国の冷凍野菜の輸入量推移

表1.5　国別冷凍野菜の輸入量推移（日本冷凍食品協会HPより、一部改変）

（単位：トン）

輸出国名	15年	16年	17年	18年	19年	20年	21年
中　国	276,048	327,655	346,237	378,706	368,073	303,568	296,212
アメリカ	242,840	249,508	267,419	285,541	289,233	297,974	302,357
カナダ	38,691	52,467	46,391	42,442	39,483	35,581	30,329
タ　イ	28,117	30,478	32,527	34,131	34,200	40,031	41,643
NZ	31,019	31,534	28,949	27,547	27,243	23,160	18,784
台　湾	27,908	30,204	26,401	24,447	21,125	23,716	24,538
その他	35,172	39,502	38,583	39,066	41,771	46,533	47,134
合　計	679,795	761,348	786,507	831,880	821,128	770,563	760,997

ている。

■急激に伸びた調理冷凍食品の輸入

調理冷凍食品の輸入量は、一九九〇年代はじめより徐々に増えはじめ、統計上でも無視できなくなったため、一九九八（平成九）年より本格的な調査が始まり、日本冷凍食品協会は会員会社三十一社への聞き取り調査によりデータ化した。しかしデータには、それ以外の商社や他のルートを使っての輸入量は含まれていないので、実勢数値は統計数値より上回るものと思われる。

輸入調理冷凍食品は主に業務用に流通しており、業務用の調理冷凍食品の国内生産量は一九九八（平成十）年より減少に転じた。中国からの輸入が圧倒的に多かったが、冷凍ギョーザの事件の影響を受けて二〇〇八（平成二十）年には全体で七二・六％、中国は大幅に落ち込み、前年比六〇・四％を記録した。

調理冷凍食品の輸入量は、一九九七（平成九）年当時八万五二〇〇トン、金額にして四〇六億円であったが、十年後の二〇〇七（平成十九）年（ピーク時）には数量で三・七倍、金額で三・六倍を記録した。表1・6と図1・5に調理冷凍食品の輸入数量の推移を示した。

主な輸入相手国は中国とタイで、両国からの輸入が九二・八％と、大半を占めている（二〇〇七・平成十九年）。二〇〇八（平成二十）年度の輸入数量の内訳は、中国が一二万八三七三トン（金額五六三億円）で、タイからが八万七九一一トン（金額四四六億円）である。二〇〇八（平成二十）年までの十年間で、中国は数量で五・六倍、金額で六・四倍に、タイは同じく三倍、二・三倍に増加した。次にはベトナム、カナダ、インドネシアと続くが、数字は少ない。

中国とタイからの輸入が多いのは、日本の冷凍食品メーカーや商社等が一九九〇年代中頃を

表1.6　調理冷凍食品の輸入数量推移

年	数量（対前年比）	輸入金額（対前年比）
10	94,178トン（110.5%）	435億2千万円（107.1%）
11	99,427トン（105.6%）	460億6千万円（105.8%）
12	127,748トン（128.5%）	532億3千万円（115.6%）
13	160,868トン（125.9%）	681億5千万円（128.0%）
14	193,313トン（120.2%）	847億1千万円（124.3%）
15	222,825トン（115.3%）	923億8千万円（109.1%）
16	259,433トン（116.4%）	1,140億3千万円（123.4%）
17	291,098トン（112.2%）	1,318億0千万円（115.6%）
18	315,436トン（108.4%）	1,400億4千万円（106.3%）
19	319,796トン（101.4%）	1,459億4千万円（104.2%）
20	232,224トン（72.6%）	1,111億6千万円（76.2%）
21	201,826トン（86.9%）	915億9千万円（82.4%）

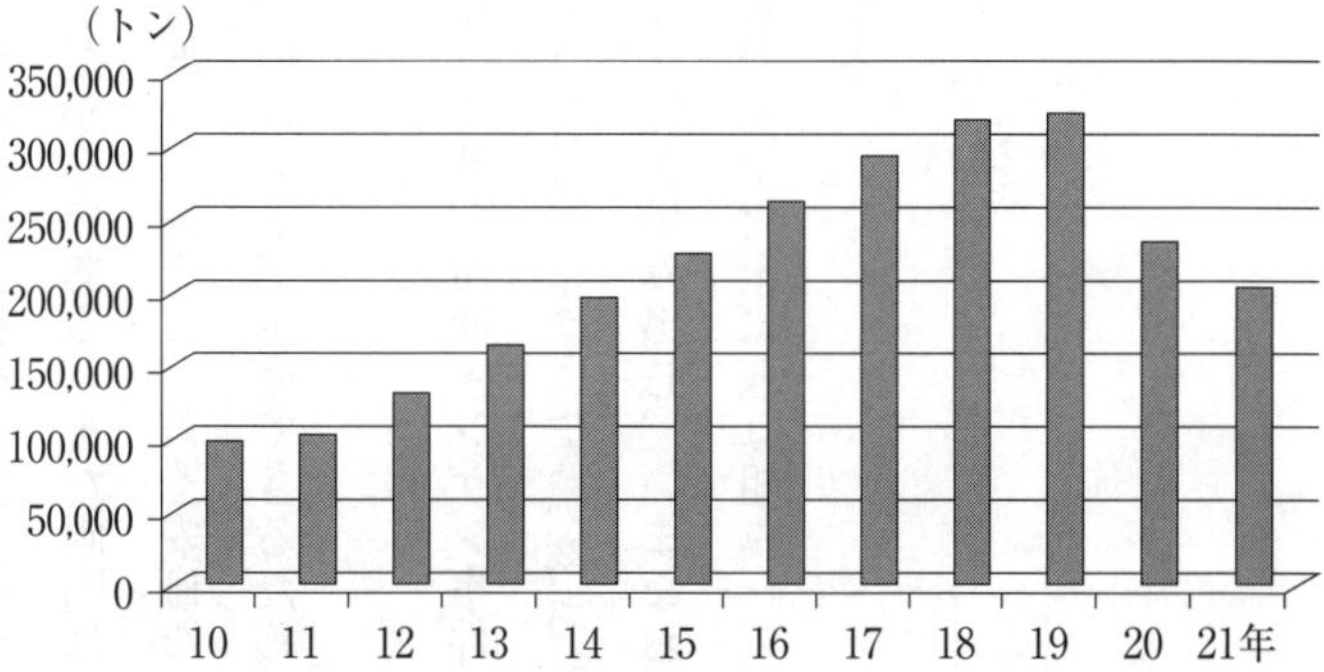

図1.5　調理冷凍食品の輸入数量推移（日本冷凍食品協会HPより）

ピークとしてこれらの国に海外生産拠点を設け、それらの子会社や合弁会社が業務提携等の形で調理冷凍食品を日本向けに生産し、日本に輸出したからである。また両国はエビ、鶏肉、野菜などの原料産地として日本への重要な供給先でもあり、加えて、若く安価な労働力も豊富に雇用でき、日本では採算が合わない手作り商品も低いコストで生産できるため、主要な輸入相手国となった（図1・6、表1・7）。

しかし、二〇〇八（平成二十）年の中国製冷凍ギョーザ、冷凍インゲン事件で、海外からの輸入調理食品は大幅に減少し、対前年比七二・六％というこれまでにない落ち込みを記録した。この事件は、冷凍食品業界に激震ともいえる深刻な状況を生み出し、いまなおその回復には至っていない。そこで、これを教訓として、より一層の安全対策に取り組み、二度と同じ事件を発生させないための取り組みの一端を次節で紹介する。

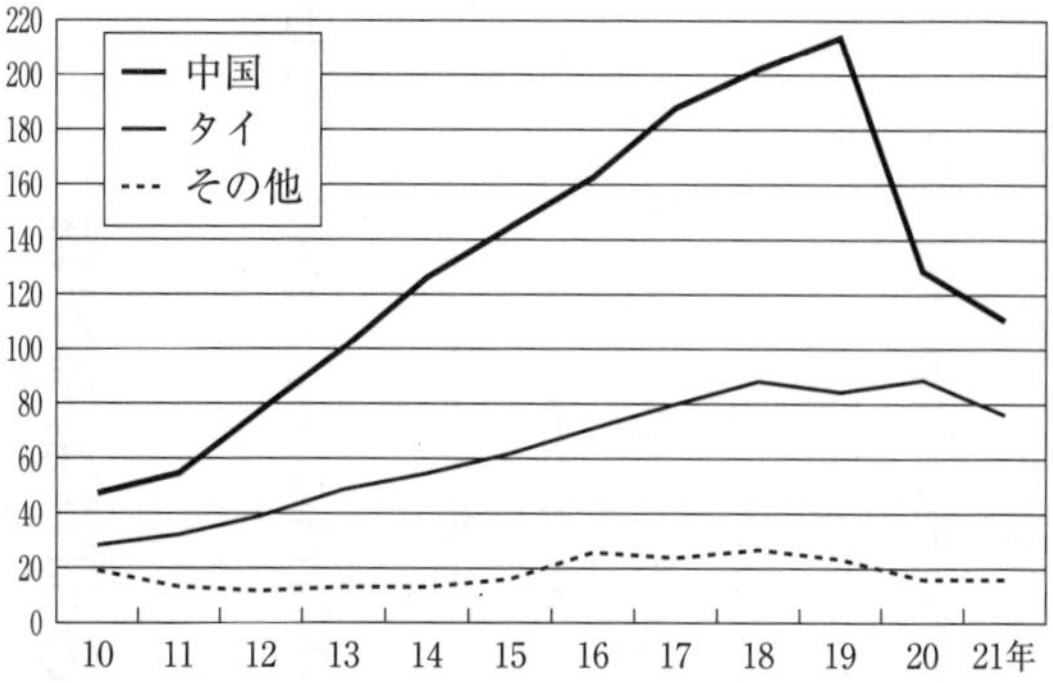

図1.6　生産国別調理冷凍食品輸入数量（単位：千トン）
（日本冷凍食品協会HPより）

表1.7　生産国別調理冷凍食品輸入数量（日本冷凍食品協会HPより）

（単位：千トン）

年	中　国	タ　イ	その他
平10	47,669（122.5%）	28,022　（99.0%）	18,487（102.8%）
11	54,511（114.4%）	32,368（115.5%）	12,548　（67.9%）
12	77,333（141.9%）	39,085（120.8%）	11,330　（90.3%）
13	99,237（128.3%）	48,761（124.8%）	12,870（113.6%）
14	125,750（126.7%）	54,485（111.7%）	13,078（101.6%）
15	144,430（114.9%）	62,102（114.0%）	16,293（124.6%）
16	162,401（112.4%）	70,912（114.2%）	26,120（160.3%）
17	187,455（115.4%）	79,329（111.9%）	24,314　（93.1%）
18	200,634（107.0%）	88,041（111.0%）	26,761（110.1%）
19	212,590（106.0%）	84,055　（95.3%）	23,151　（86.5%）
20	128,373　（60.3%）	87,912（104.6%）	15,939　（68.8%）
21	110,515　（86.1%）	75,235　（85.6%）	16,076（100.9%）

二、輸入冷凍食品の安全を揺るがした事件とフードディフェンス

■中国製冷凍ギョーザによる有機リン中毒の発生とその影響

二〇〇七（平成十九）年十二月から二〇〇八（平成二十）年二月にかけて、中国で製造した冷凍ギョーザによる有機リン中毒（農薬の成分であるメタミドホスによるものと判明）が発生し、十名の患者が出た。それまで冷凍食品で消費者に健康上の被害を与える大きな事故はなかったので、非常にショッキングな事件であった。

この事件によって冷凍食品業界は甚大な影響を受け、とくに冷凍ギョーザは国内製のものも含めて全体の販売量が六割近くも落ち込み、また、中国製品に不安をもった消費者が中国製の他の輸入食品の購買にも拒否反応を示すなど、消費者の購買動向に大きな変化をもたらした。このことは、二〇〇八（平成二十）年の消費高の統計に如実に示されている。

●事件発生の経過

＊二〇〇七（平成十九）年十二月二十八日、千葉市稲毛区で中国製冷凍ギョーザを食べた二名が嘔吐等の症状を呈し、一名が入院した。

＊二〇〇八（平成二十）年一月五日、兵庫県高砂市で中国製冷凍ギョーザを食べた三名が有機リン中毒症状を呈し、三人とも入院した。

＊二〇〇八（平成二十）年一月二十二日、千葉県市川市で中国製冷凍ギョーザを食べた五名が有機リン中毒を呈し、五名とも入院した。うち女児が重篤、他の四名が重症となった。

これらの事件の発生を受けて、一月二十九日、東京都から厚生労働省に、兵庫県（一月五日発生）と千葉県（一月二十二日発生）の有機リン中毒疑い事案の発生について情報提供がなされた。

両事件で、被害者たちは発症直前にジェイティフーズ（株）（現テーブルマーク（株））・東京都品川区）が中国から輸入した冷凍ギョーザを摂食していた。さらに、患者の吐瀉物から有機リン系薬物であるメタミドホスが検出された。

一月三十日、当該冷凍ギョーザは同時期に輸入された同一製造者（天洋食品工場）のものと判明した。同日、東京都の立ち入り検査に基づき、厚生労働省および関係自治体等において、それぞれ本件について公表、厚生労働省が同社製冷凍食品の販売中止と輸入自粛を要請した。

参考までに、天洋食品からの年間の輸入量（平成十九年一月～平成二十年一月）は、冷凍ギョーザ一三〇七トン、その他一八〇〇トンであった。

●メタミドホス検出状況

＊千葉市事案：未調理品からメタミドホス検出（千葉県警発表）
ギョーザA　皮　一四九〇ｐｐｍ、具　四一〇ｐｐｍ
ギョーザB　皮　一七、六八〇ｐｐｍ、具　一九、二九〇ｐｐｍ
ギョーザC　皮　一〇、三四〇ｐｐｍ、具　四六〇〇ｐｐｍ

＊兵庫県高砂市事案：袋、トレイ、被害者の胃洗浄液からメタミドホス検出（兵庫県警発表）
袋の内側1/8から二・〇八mg
トレイ底部1/2から〇・三八四mg
被害者二名の胃洗浄液から　A男（五十一歳）：五二ｐｐｍ、B男（十八歳）：一〇三ｐｐｍ

＊千葉県市川市事案：被害者の吐物（吐き出したギョーザ）からメタミドホスを検出（千葉県警発表）　皮　三五八〇ｐｐｍ　具　三一六〇ｐｐｍ

検出された濃度から見て、とても残留農薬というレベルではなく、どこかの工程、流通過程での故意か食品テロ的行為が疑われた。同時期に、同様のルートで販売された中国製冷凍ギョーザに関する調査では、食べた人五九一五名については、有機リン中毒が疑われる症状はなかった。

こうした調査から、メタミドホス中毒は、極めて局部的な発生であったことがわかる。事件には警察が関わり、日中両国の国家間で真相究明の努力がなされ、二〇一〇年八月十日に中国河北省の石家荘市人民検察院は、製造元の食品会社の元臨時従業員を、危険物質混入罪で同市の中級人民法院に起訴したと報じた。

■中国産冷凍ホウレン草残留農薬問題と冷凍食品メーカーの対策

二〇〇七（平成十九）年のメタミドホス混入冷凍ギョーザ事件は、健康被害も出て大きな問題となったが、農薬に関する事故では、それに先立つ二〇〇二（平成十四）年に、冷凍ホウレン草の残留農薬問題が発生していた。

冷凍ホウレン草は加工食品扱いのため、生鮮野菜に適応される残留農薬基準の対象外であったが、中国国内で残留農薬が問題となったのを受けて厚労省が調査したところ、日本に輸入されていた冷凍野菜からも残留農薬が検出される事態となり、厳しい検査体制が敷かれることとなった。

冷凍食品メーカー各社も、これを契機に中国での食品安全の仕組み作りに鋭意取り組み、強化させてきた。例えば現地に品質管理センターを設けたり、社員を常駐させて農場・工場の巡回指導を強化したり、農薬の分析等の仕組みを整える、などである。

●冷凍野菜の安全性についての対応

中国からの二〇〇七（平成十九）年の冷凍野菜の輸入量は三六万八千トンで、輸入冷凍野菜全体の四五％を占めている。しかし、二〇〇二（平成十四）年に中国産冷凍ホウレン草で、基準値を超える農薬（クロルピリホス）の残留問題が発生し、輸入が一時ストップしてしまった。そこで、業界として安全性を確保するために、二〇〇四（平成十六）年五月に冷凍野菜を扱う六社によって「輸入冷凍野菜品質安全協議会」を発足させた（現在は十六社が加盟）。

この協議会では、残留農薬ガイドラインの作成や、日中冷凍野菜品質安全会議を上海と台湾で開催する活動を年一回以上実施し、成果をあげている。また、残留農薬検査技術相互比較を実施し、現地での分析技術の向上をめざしている。

■フードディフェンス（テロ対策）の考え方の導入

二〇〇七（平成十九）年の中国製冷凍ギョーザへの薬物混入事件のように、故意に混入した疑いがもたれるようなケースが発生したために、食品を使った「テロ行為」も視野に入れ、安全対策がさらに強化されるようになった。

具体的には、次のような取り組みである。

・従業員に対する管理を一層重視するようになった

従業員とのコミュニケーションについては、工場のトップ自らが直接・積極的にメッセージを発信し、不満への気付き、吸い上げを図るよう要請している。日常におけるコミュニケーションの緊密さや従業員へのケアの充実は、会社に対する信頼感を育み、会社への不満を抱かせないための強い抑止力となる。

また、従業員の工場内への持ち込み品のチェックや、生産工程ごとの作業記録などの見直しが強化された。

自社工場、委託工場、原材料サプライヤーにおいて、労務管理まで踏み込んだ査察が実施されるようになった。

・薬物や洗剤の保管管理の再チェックがなされるようになった

保管場所、施錠、鍵管理者等を明確にし、故意または事故によるこれらの混入を防止する対策強化のためである。

・中国CIQ（※）の指導のもと、監視カメラの設置が強化された

・製品や加工原料の農薬検査の実施（すでに実施されている場合は、より高精度に、厳しく）

・原料サプライヤーへの巡回査察の実施

原料の残留農薬検査、工場への入退場者、外来者の記録等の安全管理に関するチェックシートの項目を増やし、管理を強化した。

・自社工場、委託工場の品質責任者会議を随時開催することにより、セキュリティ対策の浸透が図られているかをチェックする

・意図的な薬物混入などの問題に対処するフードディフェンス（※）について検討、基準作りが進められている

※ＣＩＱ：Customs 税関、Immigration 出入国管理、Quarantine 検疫。国境を越える物流において必要とされる手続き。

※フードディフェンス：食品に対して人為的に毒物や薬物が混入されることによる、人への危害を防止するための措置をいう。アメリカでは、二〇〇一（平成十三）年の「同時多発テロ」以来、食品が標的になることの危険性から防御策が唱えられ、ＨＡＣＣＰによる数値化された厳密な安全確保のための方策の徹底が図られている。日本では、それがまだ立ち遅れている。

●フードディフェンスについて

米国では、食品の安全を以下の三要素に分けている

[Food Safety]

食品供給行程における微生物的、科学的、物理的な危害因子のリスクを評価し、評価に基づいた管理を行うことで、危害因子による汚染の防止及び低減を図り、食品の安全を確保すること。

〔Food Defense〕

微生物的、化学的、物理的危害因子の意図的な混入から食品を保護し、食品の安全を確保すること。

〔Food Security〕

健康で、活動的な生活を維持するため、十分に、安全で、栄養のある食品をすべての人が、いつでも入手できるように保証し、食品の安全を確保すること。

Food Safety と Food Defense の違いは、次のようなことである。

Food Safety：通常の安全基準で対応するべき事項

・残留農薬でみたとき、容量～〇・一ｐｐｍ以下が多い。
・残留農薬でみれば汚染頻度は比較的高い。
・ランダムサンプリングで検証可能なことが多い。
・システム上の対策で改善可能。
・蓄積性を含めて安全性は確保されている。
・一日許容摂取量（ＡＤ）等でも安全性は確認可能。

Food Defense：故意による食品汚染、食品テロなど

・システム上の対策では対応困難。
・ランダムサンプリングで摘発することは不可能。

・急性致死量（有症例）に相当する毒物混入の可能性がある。

二〇〇七（平成十九）年の中国製冷凍ギョーザ事件は、明らかにフードディフェンスの問題とみられる。日本でも、こうした状況は今後ないとは言えず、少し異なるかもしれないが、かつて「グリコ森永事件」（一九八四・昭和五十九年、食品に青酸カリを混入するとして、食品会社を脅迫した事件）という食品テロ事件をすでに経験している。

二〇〇八（平成二十）年九月のリーマンショックに始まる世界不況は長期化の様相を見せており、人心の荒廃が思わぬ形で社会に表出してくる。何よりもまずは防御への対策が急がれる。また、異国の地で生産・製造に携わる場合、現地の工場従業員の人心を如何に掌握するかは、食品安全にとってとても重要なことである。

日本国内では、経営者・管理者の従業員への信用、従業員の経営者・管理者への信頼で食品の安全を担保しており、そのためのコミュニケーションシステムが機能している。例えば5S（整理・整頓・清掃・清潔・躾）活動の委員会、安全衛生委員会、品質保証委員会などの場で、または月礼、朝礼などの場で報告・連絡・相談が行われ、その中で不満を吸い上げ、ストレスを解消し、従業員の心のケアをしている。

国外においても日本国内と同様に、経営者・管理者は監視と統制を強化しつつも、従業員とのコミュニケーションを図り、不満を吸い上げることが重要である。そして、働きやすい、ストレスの少ない職場作りをし、日本の生産現場と同様の従業員管理システムが現場に定着できれば、国外製品は格段に安心できるものになるだろう。

三. 国内の食品工場の安全・安心のための施策

次に、国内工場では安全対策としてどのような体制がとられているのかを、D社を例にとって紹介する。実際に朝、工場へ来てどのように生産ラインへつくかという順序で写真を見ていただくとわかりやすい。

◆ 作業前の安全対策

クリーニング済み作業衣

① **作業場への入場**：工場入口で上履きに履き替え、まずリネン室に着替えのための作業着を取りに行く。作業着の衛生状態を会社で管理するため、作業着はクリーニング会社のレンタルである。また、作業着は各自決まっており、決められたものを着用する。

クリーン・ローラー

② **ロッカー室で着替え**：作業着を持ってロッカールームへ行き、ロッカールームで私服から作業着に着替え、ローラーで作業着に付いた毛髪、ごみ、ほこり等を除去し、その後、床面にもローラーを掛けて異物のないようにしておく。

貴重品ロッカー

③ **貴重品をしまう**：次に、貴重品ロッカーに貴重品を収納、施錠する。鍵は専用のズボン内ポケットに入れる。工場内への私物持ち込みは禁止である。

粘着シート

④ **上履きのゴミの除去**：工場内に向かう階段前には粘着シートが敷かれており、上履きのゴミを除去する。

粘着シート

⑤ **作業靴のゴミの除去**：上履きと作業靴履きかえの部屋にも粘着シートが置いてあり、靴底のゴミを除去する。

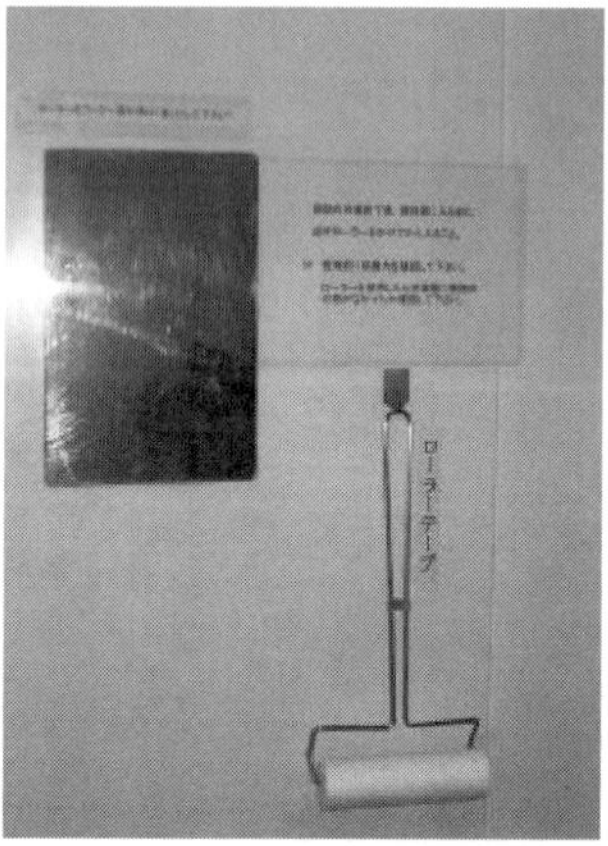

ローラーと注意喚起の掲示

⑥ **ローラー掛け**：頭から裾まで、マニュアルに従って再度ローラー掛けをして、抜け毛を除去する。注意を喚起する掲示が貼ってある。（ローラー掛け注意の放送もあり）

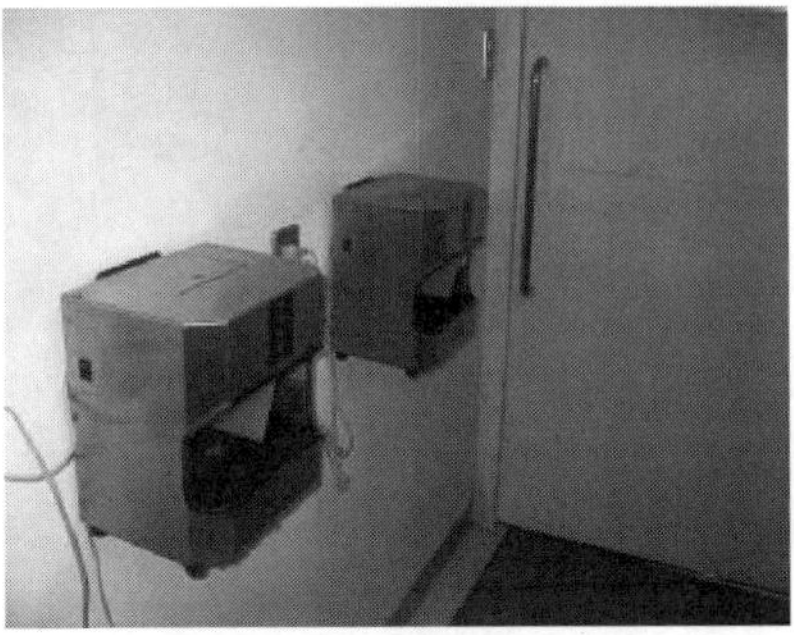

アルコール噴霧器

⑦ **手洗いと消毒**：石鹸で手洗い後、アルコールを噴霧し手指を消毒する。これを実施しないと作業場への扉は開かないようになっている。作業場は、汚染区、準清浄区、清浄区とに分かれており、それぞれの入口は別になっている（どの区域で作業をするかで、入口も違う）。以上のような手順で現場に入る。食中毒細菌、不潔・危険物・私物を持ち込まないため、厳重な対策がとられている。

◆ 工程での安全対策

解凍工程に移動

① **原料の移動**：原料食材は開梱室でダンボールから取り出し、解凍工程に移動する。汚染されたダンボールは作業場には入れない。

異物検査

② **異物検査**：取り出した原料食材は、金属検出装置、X線異物検出装置で異物検査を行う。たとえば、挽き肉にする原料の肉（牛・豚等）は、まず検査前に棒状にカットしてから金属検出装置にかける。これは、挽肉機で破壊された後では異物が拡散してしまうためである。

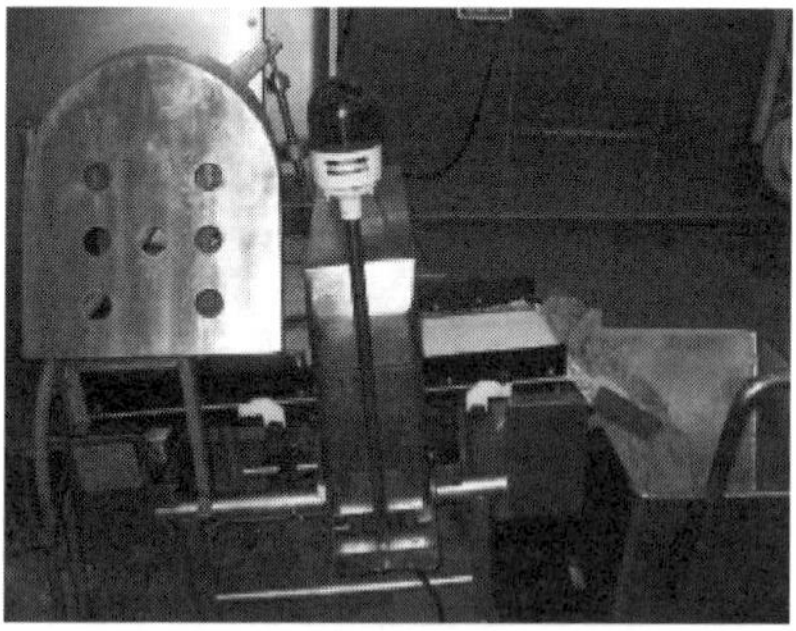

金属検出装置

③ **金属検出装置による異物検査**：チョッパーの出口にも、危険異物の金属を排除するために金属検出機を設置している。

X線異物検出装置

④ **凍結終了後の異物検査**：凍結終了後も金属検出装置とX線異物検出装置で検査し、危険異物の排除に万全を期している。

シートシャッター

⑤ **製品出荷時の安全対策**：ダンボールの製函機は包装室の外に配置して、函作りをしている。原料の入荷、製品の出荷口はダブルシャッターとし、片側が開放しているときは、もう一方のシャッターが開かないようになっており、昆虫が侵入しない工夫がしてある。

金属検出装置は原料の工程と包装の工程で二重に設置され、さらにX線異物検出装置も導入されており、安全性を高めている。

◆５Ｓ活動による安全性の向上

５Ｓとは、整理・整頓・清掃・清潔・躾のことである。５Ｓは、従業員の教育・良好な企業風土を構築する有効な手段である。得意先が工場の査察に来訪したときや、消費者が工場見学に来訪した場合、すぐに気がつくことは現場で働く従業員の態度である。多くの場合、それは「挨拶と服装の清潔さ」に現れる。

これらは日常の教育と、その実行がなければ習慣化しない。「本日は大切なお客様が来訪されるから」と、急に挨拶の励行を指示してもごまかしはきかない。誰かがぼろを出す。

清掃は清潔さに、すなわち良好な衛生状態の維持につながる。食品工場では、毎日の掃除はお客様に食中毒という危害を与えないために必須である。同時に施設、設備、機械等の点検の役割も果たしている。掃除しやすいように、いらないものは「整理」し、日々使用するものは「整頓」して保管場所を決め、誰でもわかるように表示されていることが重要である。

５Ｓ活動は、生産活動の最も基礎の部分である。この基礎の上にＨＡＣＣＰ（衛生手法）、ＩＳＯ９０００（品質管理）、２２０００シリーズ（ＨＡＣＣＰとＩＳＯ９０００を統一したもの）のシステムが成り立つのである。

定期的なパトロールによるチェックで評価と改善事項が明確化され、改善のアクションがなされて活動は継続し、進化していく。査察者、見学者にとって最も日常的な、またよく見える判断の指標である。その活動の一端を写真とともに紹介する。

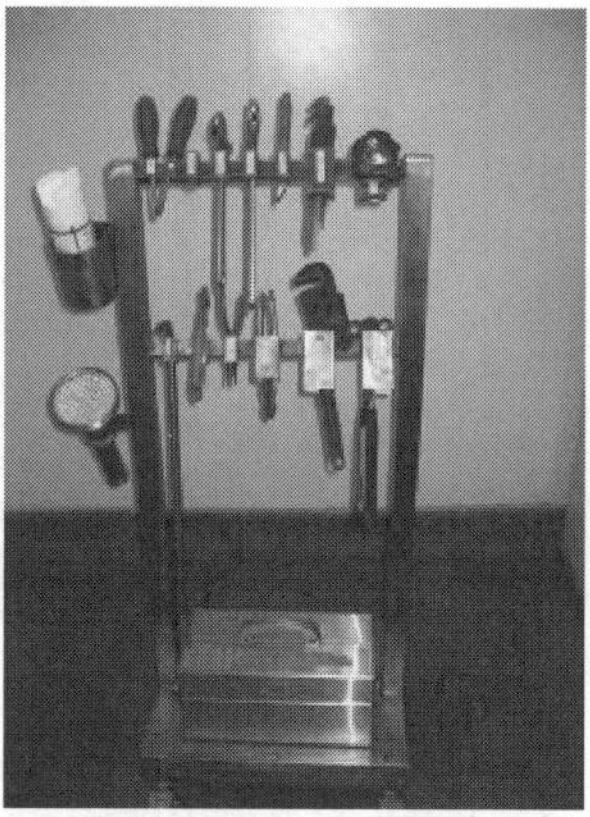

整理整頓された工具

① **整理整頓**：使用頻度の高い工具の整頓状態。車輪付きで必要な場所に移動できる。

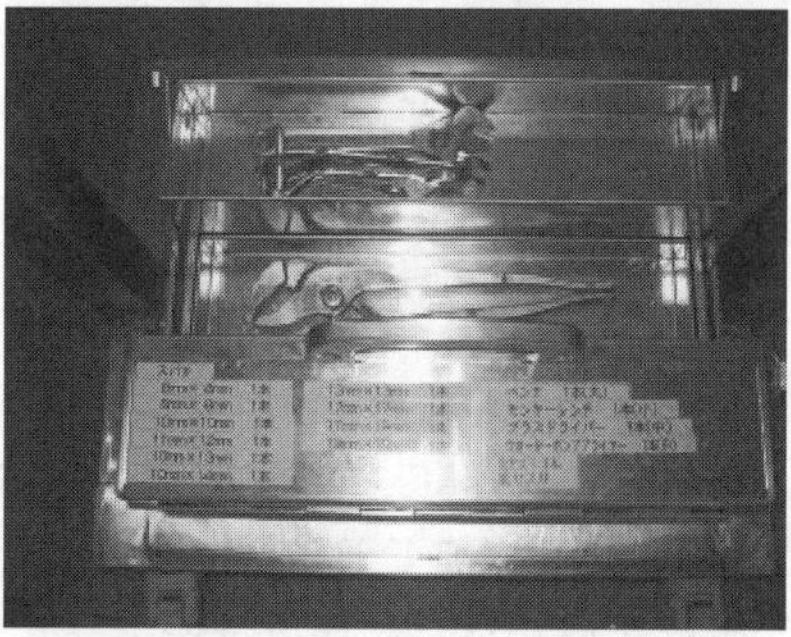

工 具 箱

② **工具の収納**：工具箱には必要な工具を収納し、工具名と個数を表示する。「使用後元に戻す」習慣化が「躾」になる。習慣化には時間を要した。

③ **ホースの収納**：ホース類はラックに掛け、ノズルはホルダーに差し込み保管する。これは、床に直置きすると汚染してしまうためである。また、つまづきなどの労働災害事故の防止にも効果がある。

④ **作業場のドライ化推進（水を流さない床）**：成型機下部のドライ化状態を保つ。洗浄場所を確保し、洗浄汚水の飛散防止のためのフードを設置する。原料処理、加工工程は作業中に水を多く使用し、床は水にぬれて湿度が高かった。作業場のドライ化により天井、壁、床でのカビ増殖、細菌繁殖の元となるぬめりなどが防げるようになった。また、作業場内湿度も低くなって清々しい雰囲気になり、従業員のストレスも軽減された。施設、設備の老朽化の進行も遅くなるという利点がある。

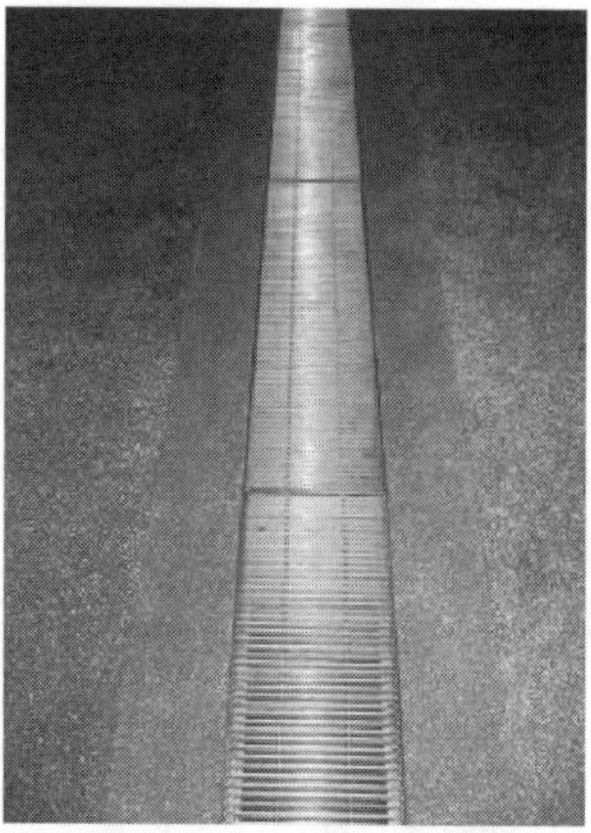

ステンレスの排水溝

⑤ **排水溝のステンレス化**：溝の掃除をしやすくし、昆虫類の発生を防止するため。

ステンレスの床や壁

⑥ **オールステンレス化**：加熱室の床、壁、天井をオールステンレス化した。熱を使うため湿度が高いので、他の材質ではカビが発生しやすく汚れやすい。とくに床材の劣化は早い。ステンレス化は、掃除のしやすさ、汚れの付きにくさと設備の保護に有効である。

◆従業員への配慮

商品を安全に作り出すための決めごとを確実に実践するには、従業員の「躾」が基本である。この厳しい「躾」によりルールは継続して守られ、安全と安心につながっていくのである。工場見学に来た査察者、見学者は、従業員の行き届いた5Sを見て、安心して帰路に着くことができる。安全を作りだすのは、5Sを実践する従業員である。

厳しいルールには、緊張をほぐす憩いの場も必要である。例えば食堂であるが、工場で最も明るく見晴らしの良い場所にし、食事は定食二種類、麺類の献立で選択肢をもたせた。運営は某ファミリーレストランの食堂部で、料理の質は良好で喜ばれている。休憩室も食堂内に設けられ、喫煙室を設け分煙化されている。

明るい食堂

また、工場長や管理職は、従業員とのコミュニケーションに積極的に取り組む必要がある。朝礼、月礼、各種委員会における情報交換には、工場長や管理職はできるだけ出席し、従業員の気持ちに接して、工場全体としての安全や品質向上のモチベーションを維持するとともに、リスクの発見や従業員の提案を大切にして、それに応えていくことが、従業員を大切にするということにつながる。

これらのコミュニケーションの仕組みは、上下の関係だけでなく部門間の横のつながりも持たせ、悪い情報ほど早く伝わり、素早い対策につなげることができる。

危害を未然に防ぐのは、規律と普段からのコミュニケーションである。

◆原材料の安全対策

納入業者には、事前に原材料規格証明書を発行させる義務を課している。原料等の変更については報告義務があり、一年ごとの見直しの仕組みによって安全性の確保を図っている。

この情報をもとにパッケージの表示やアレルギー表示が決められ、農薬、食品添加物、抗生物質の残留等についても確認できる。また、納入先への定期的な査察では、八十以上の項目についてチェックがなされている。

さらに、ＨＡＣＣＰやＩＳＯ９００１、２２０００の認証取得も義務付けられ、食品の品質保証、安全・安心向上のための努力がなされている。中小の企業に対しては、（財）日本冷凍食品協会がその認証制度の見直しを実施中である。

このようにして安全対策がとられてきているが、消費者の中国製品に対する不信感は、ぬぐいきれていない。一度失った信用というものは一朝一夕には戻らない。今後とも引き続き努力を惜しまずに取り組んでいかねばならない。

四．円高誘導が引き金となった海外進出と現地生産の状況

今日では、日本企業の海外進出は自明の理のように思われているが、冷凍食品の生産を海外に移設し、製品を日本に輸入する仕組みが始まったのは一九八〇年代の後半からで、これは、一九八五（昭和六十）年のプラザ合意（※）による円高が、その大きな原因である。そこへバブル経済が発生し、人件費その他のコストが高くなり、海外シフトに拍車がかかった。進出先はまずタイ、それから中国であった。

※プラザ合意：先進五カ国が当時のドル高を是正するため為替市場に協調介入する旨の声明を出したことを言う。この合意は、為替相場を全く自由に変動させる自由変動相場制から、為替市場の状況により適宜介入する管理相場制への歴史的転換点となった。

■ タイに進出した日本企業

◆（株）ニチレイ

（株）ニチレイは一九八八（昭和六十三）年、タイで有力な水産加工会社でエビの原料調達力、加工能力に秀でていたスラポンシーフーズ社との合弁会社、スラポンニチレイを設立・進出した。

スラポンニチレイでは、ワンフローズン（冷凍操作一回）のエビフライを生産し、日本に輸出した。日本で生産するエビフライは、輸入された冷凍のエビを解凍し、エビフライに加工して再凍結していたが、海外生産においては、産地であるタイで養殖池から鮮度の良い生のエビを工場に運び加工する方式であり、産地パックと位置付けて差別化を図り、品質は高い評価を得た。

しかしその後、エビの伝染病などによりバンコク周辺のエビ養殖事業が衰退してしまい、南部や東部の遠隔地での事業となってしまった。そのため、生と冷凍原料を併用せざるを得なくなり、ワンフローズンにはこだわりきれなくなってしまった。そこで脱エビ事業を目指し、一九九四（平成六）年、鶏のから揚げに取り組んだところ、大ヒットとなった。業務用はもとより、家庭用の「若鶏のからあげ」が大型パックであったにもかかわらず好評を博した。

製造方法は、鶏モモ肉を手切りにし、バッターを手付けでフライにするという、まさに手作りの商品であった。タイは世界的な鶏肉の産地であり、主にヨーロッパ等には胸肉を、日本にはモモ肉を輸出し、から揚げ等チキン製品の原料に利用されていた。この鶏肉の現地での生産は、まさにワンフローズンの優等生となった。

合弁会社は成長を遂げ、一九九四（平成六）年に三階建ての第二工場、一九九七（平成九）年にはバンコク市内から東方一八〇㎞にあるカミンブリ工業団地に、鶏から揚げ専門の第三工場を建設するまでに業務を拡大した。

ニチレイの海外部門はバンコクに拠点を置き、冷凍のエビ、水産物、冷凍野菜、鶏肉原料、加工品のヤキトリなどの日本への輸出、さらにはヨーロッパやアメリカ、オーストラリアへの輸出にかかわり、合弁事業への推進力となった。生産部門の優秀な人材を派遣し、タイにおいては若くて手先が器用、素直で決められたことを守る従業員を擁し、どこにも負けない品質と価格の競争力を築きあげ、発展への原動力となった。

◆味の素冷凍食品（株）

味の素冷凍食品タイは、味の素グループの出資により一九九〇（平成二）年に設立され、翌年第一期工場が完成した。タイの豊富な農畜水産物を原料とする調理冷凍食品を生産するのが目的であった。

主力商品はエビチリソース煮、八宝菜、中華どんぶりの素、鶏のから揚げであったが、とくに鶏肉製品の伸びは著しく、二〇〇一（平成十三）年には隣接して第二工場を建設するまでに成長した。また、家庭用の「若鶏のからあげ」はニチレイと覇を競い、冷凍食品の発展に貢献した。

味の素ペタグロ冷凍食品は、一九九五（平成七）年、タイのペタグロ社（鶏の飼育から加工までの専門メーカー）との合弁会社であり、鶏肉処理工場に隣接して工場が建設された鶏肉調理品専門工場である。新鮮な原料が何よりの強みである。

冷凍食品の前から味の素はタイに進出しており、調味料の生産からスタートして、缶飲料、即席麺等も製造・販売し五十年近くにもなる。タイの国情にも精通しており、そのような流れもあって、冷凍食品も成功させることができたといえる。

◆ニチロ（株）（現マルハニチロ（株））

ニチロがタイのナロンシーフード社と合弁でN&Nフーズを設立したのは、一九九〇（平成二）年であった。

同社は手作りを〝売り〟に、多品種少量生産に徹した戦略で業容を拡大してきた。多様なユーザーの注文に答え、エビフライ、アジフライ、たこ焼き、お好み焼き、中華点心類などの商品を揃えている。

現地および周辺国の、安価で豊富・多彩な食材のさらなる活用による業容の拡大で、輸入調理冷凍食品の発展に貢献すると期待されている。

◆他の関連企業のタイへの進出

ニチレイがスラポンニチレイを設立した一九八八（昭和六十三）年に、パン粉の共栄フード（株）が進出した。当時タイではパン粉を使う習慣がなく、パン粉メーカーは皆無であった。しかし、現地でエビフライ、その他のフライ製品を作るにはパン粉は不可欠であり、なおかつ日本製同様に品質に遜色ないパン粉が必要であった。そこでニチレイ本社は、取引先であった共栄フードの大部社長と交渉し、その結果、タイ進出に至ったという経緯がある。

当初はスラポンニチレイしかパン粉の供給先がなかったため量的に採算がとれず、数年は赤字であったとのことである。しかし、責任者である工場長の日本からの派遣と、社長の毎月のようにタイへの出張と陣頭指揮の成果が実り、その後のタイへの冷凍食品企業の進出に大いに貢献した。

経営が軌道に乗ったころに現地の大手製粉会社との合弁で、合弁先の工場敷地内にユナイテッド共栄フードとしてパン粉工場を建設し、一九九七（平成九）年にサイアムユナイテッド共栄フードを設立した。

一九九一（平成二）年には、から揚げ・フリッターに必要なバッターミックスを供給する会社として日清テクノミックスが設立され、高品質のプレミックス粉を提供し、タイへの進出企業の業容拡大に貢献した。

タイへの進出企業は数多く、二〇〇七（平成十九）年の日本冷凍食品協会会員会社の調理冷凍食品輸入高は三一万九千トン、そのうちタイからは八万四千トン（金額四百億円強）となっている。中でも鶏肉加工品は若鶏のから揚げを主力商品として、家庭用・業務用を問わず冷凍食品の発展に貢献している。

■中国へ進出した日本企業

多くの日本の冷凍食品会社が、合作・合弁・独資により中国に生産拠点を移し、主な会社でも三十は下らない勢いとなっている。中国から日本への調理冷凍食品の輸入量は、二〇〇七（平成十九）年には二一万二千トン・九〇五億円に達している。統計をとり始めた一九九七（平成九）年には三万九千トンであったので、十年で五倍以上となっている。

主たる進出企業三十社を調べてみると、一九九〇年代前半に進出した企業が二十一社（七〇％）を占め、そのうち一九九三（平成五）年設立が六社、一九九五（平成七）年設立が九社であった。工場稼働は設立後一年～一年半後であり、日本のバブル経済が崩壊し、「失われた十年」といわれる不況の時期と重なる。

一九九五（平成七）年は日米貿易不均衡が拡大して円高傾向が進行し、八月には一ドルが七九・四五円を記録したほどであった。公定歩合は二月に〇・七五％、九月にはさらに〇・七五％引き下げられ、一％の低金利になった。円高対策、不況対策であった。価格破壊が喧伝され、日本の企業は不況対策として合理化、構造改革を強いられた時期であった。

◆中国進出のメリット

一九九二（平成四）年、外資による投資ブームが始まって、当時の中国の最高実力者、故鄧小平氏の行った『南方講話』（深圳《シンセン》、上海に「資本主義の長所」を導入しようと講演した）により加速した。そして、賃金、土地コストの安さにより、世界の工場へと発展していったのである。

中国は、外国の資本と技術を活用して輸出を振興することで外貨を獲得し、外資は将来の膨大な消費市場を目あてに積極的に中国に投資した。

そのほか、冷凍食品会社の中国への進出には、下記のような要因があった。

（ⅰ）低賃金で若年労働者を確保できたこと。（日本の三十年前の賃金レベル）

（ⅱ）原材料が豊富で安価に確保できたこと。農産物は凍菜ビジネスで経験済みであり、ブロイラー産業も軌道に乗ってきた時期であった。

（ⅲ）土地・工場などの建設コストの安さ。

（ⅳ）バブル崩壊後の不況対策、価格破壊への対応策として目が向けられた。

（ⅴ）手作り商品への顧客の要求に対し、日本ではコスト高で作れない商品の受け皿として。

（vi）円高（海外への投資、海外からの輸入などに有利）、低金利の後押しがあり、資金面で好都合であったこと。

◆（株）加ト吉の中国への進出

加藤義和元社長の「フローズンタウンを中国に」の方針のもと、山東省を中心に合弁会社を設立し、安くておいしい冷凍食品を日本の消費者に提供している。

その陣容は次のようなものである。

・威海威凍日総食品　八七・五％出資、一九九六（平成八）年稼働、威海市
　白身フライ、野菜フライ、かき揚げ、たこ焼き、パン粉　ＩＳＯ９００２、ＨＡＣＣＰ取得工場
・青島亜是加食品　三七％出資、一九九四（平成六）年十月、即墨市
　野菜、水産調理品の工場、少量多品種を得意とする、和総菜、焼魚　ＩＳＯ９００２取得工場
・青島加ト吉食品　一〇〇％出資、一九九七（平成九）年二月稼働、青島市
　すし種用の甘エビ、タコ、ボタンエビ、穴子　ＨＡＣＣＰ、ＩＳＯ取得工場
・維坊美城食品　二一％出資、一九九七（平成九）年生産開始、維坊市
　焼き鳥、から揚げ、しいたけ肉詰、ピーマン肉詰、和総菜、中華総菜　ＩＳＯ９００２取得

工場
・煙台新興食品　六〇％出資、一九九四（平成六）年五月稼働、煙台市
甘エビ、タカツメエビ等
・維坊凱加食品　三五％出資、二〇〇〇（平成十三）年稼働、維坊市
チキン加工品、調理食品もレパートリーに加え、脱鶏肉製品を目指している
・加藤佳食品　六一％出資、二〇〇一（平成十四）年四月稼働、舟山市
骨なし魚で急成長、切り身、焼き魚、煮魚
・加藤利食品　二〇〇一（平成十四）年四月、広州市
エビギョーザ、海鮮春巻き、ふかヒレ小籠包他・点心類

◆（株）ニチレイ

・上海日冷食品
中国最大の冷蔵倉庫会社である呉径冷蔵との五〇対五〇の合弁会社である。一九八八（昭和六十三）年設立、一九八九（平成元）年稼働開始。合弁先の冷蔵庫の一階部分を工場とした。一階部分は凍上防止の空間であった。

最初はロールキャベツを、次いで饅頭、ギョーザを生産し、全量を日本に輸出した。上海は

消費地としての要素が強く、コストも他地域への進出企業に比して割高であったので、販売は苦戦した。一九九五（平成七）年頃から上海を中心に中国国内への販売を手掛け始め、現在も販売を継続している。

・山東日冷食品

山東省煙台市の開発区に、山東省商業集団総公司との合弁で一九九三（平成五）年に設立され、一九九五（平成七）年より稼働開始した。ニチレイは六五％の出資であった。

鶏肉の調理加工品の生産を目指したが、最もよく売れるから揚げはスラポンニチレイの商品が強く、社内競争で不利であった。そのため新しく商品を見直し、手羽先ギョーザ、やわらかチキンステーキなどをメインの商材とした。現地の安い野菜を原料に商品開発にも取り組み、成果を上げた。敷地一万坪、工場は一六〇〇坪からさらに増設した。現在は中華丼の具、ごぼうのから揚げ等、野菜主体の製品を生産している。

◆味の素冷凍食品（株）

・連雲港味乃素如意食品

江蘇省連雲港に如意集団との合弁で、一九九五（平成七）年十二月に設立された。如意集団食品部門の拠点工場に隣接して一万六千坪の土地に建設された。狙いは江蘇省の豊富な農産物に着目しての調理冷凍食品の生産であった。主役は「蓮根のはさみあげ」で、代表的なロングセラーの家庭用商品である。そのほか、「しいたけの肉詰」、「野菜の磯辺あげ」、「野菜の天ぷら」、「ロールキャベツ」など、いずれも野菜を生かした手作りの商品群である。

隣りに冷凍野菜の商社であるライフフーズとの合弁会社で来福如意食品があり、ここから一次処理した原料野菜を調達している。生産現場では毎日の朝礼実施により、班長が当日の生産アイテムの伝達、前日の作業の反省などを徹底させている。作業では三十分ルール（冷蔵庫または冷凍庫から出した原料および調理中の食材は放置せず、三十分以内に調理する）を徹底し、粘着ローラー掛けによる異物混入防止、手洗い、器具の消毒による細菌汚染防止を実行している。５Ｓを始めとして、基本的なことも徹底している。

手作業が主体の生産なので従業員の定着には気くばりしており、登用、昇格、研修などの制度が確立している。さらには「人を大切にする」という基本方針のもと働きやすい清潔な職場作り、快適な従業員寮・食堂等、気くばりされている。何より「人を大切にする」という切り口からの経営は安全な製品を生み出し、消費者の信頼を獲得するはずである。このことは、日本も中国も同様である。

・連雲港味乃素冷凍食品

二〇〇〇（平成十二）年十月に前記工場の隣接地に二三、〇〇〇㎡の土地を購入・設立し、二〇〇一（平成十三）年末に稼働させた。鶏肉加工品、野菜加工品、調理冷凍食品の生産が主体で、味の素グループの独資会社である。

この二つの会社は、味の素冷凍食品の、中国における冷凍食品生産の一大生産基地となった。

◆日本水産（株）

日本水産は二〇〇一（平成十三）年からグローバルサプライチェーン構築に向けて、中国での調達を強化してきた。

日本水産と寧波嘉宣食品は冷凍野菜の指導と輸入を端緒として、一九八三（昭和五十七）年から合作関係にあった。寧波嘉宣食品は野菜の宝庫といわれる浙江省にあり、冷凍野菜の生産がメインで、ほかに筍の水煮缶詰、らっきょう、高菜の漬物を得意としていた。

同社は二〇〇一年から、素材の冷凍加工から調理食品の冷凍加工へと舵を切った。自然解凍で利用できる『おべんとうに便利』シリーズである。自然解凍とともに和総菜のお弁当商材として、新しい分野を切り開いた商品である。

自然解凍品は、解凍後未加熱で食される商品であるため、細菌制御が非常に難しい。これをクリアできたということは、品質管理においてきわめて水準が高いことを示す。一九九八（平成十）年にはＩＳＯ９００２、二〇〇一年にはＨＡＣＣＰを取得している。

■低価格志向と海外生産

言葉や習慣の違う海外での生産に取り組んだ歴史は、既に二十年を越えた。当初は試行錯誤や簡単な加工食品からはじまり、いまでは最終製品に近い形にまで加工したものが輸入されている。こうした状況は、日本の市場の低価格志向の強まりからみて今後も変わらないと予想される。その意味で、タイ、中国などの海外生産拠点は、今後とも必要不可欠といえる。

ギョーザ事件、ホウレン草の残留農薬事件など数々の事件を発生させてしまったが、日本の市場ニーズに適した食品を、品質を確保しながら低コストで実現していかなければならない。まずは中国産製品の安全性を確立し、消費者の信頼を取り戻すことである。

冷凍食品業界では、中国での検査体制構築、農場への巡回指導、トレーサビリティシステムの確立、品質管理体制再確認などにより、フードディフェンスの必要性が認識され、整備が進行中である。消費者に、これらの体制について理解され、安全性を確認してもらえるよう、業界あげて努力すべきである。かつて「冷凍食品はまずい」との消費者の認識を覆させたように、「中国製品は安心、安全」と思ってもらえるよう、信頼回復に向けて邁進せねばならない。

第二部　食の洋風化・簡便化に寄与した冷凍食品と生産機械

冷凍食品は、さまざまな製品が商品化され、現在に至っている。その中には消えていったものの、改良を続けながらより優れた製品として商品化されているものなど、多数ある。そのような歴史の中から、初期の製品や代表的な製品について、(株)ニチレイでの例を取り上げ、エピソードも含めて紹介する。

一・冷凍食品の変遷――さまざまな製品

◆凍果ジュース

一九五一(昭和二十六)年、冷凍イチゴと冷凍ミカンが試験生産された。冷凍ミカンは十トンほど生産され、翌年一部が米国に輸出された。国内においては国鉄(現JR)の駅で、網に五個入りの冷凍ミカンが売られ、季節はずれの時にもミカンが食べられると珍しがられた。当時はまだ適当な包装材料がなく、グレーズ(氷の膜)によりミカンの乾燥を防止していた。ミカンは球形のためグレーズの作製が難しく、品質上の問題で消えていった。

冷凍イチゴはさっぱり売れなかったので、試みにジュースにして聖心女学院のバザーに出店してみたところ大変な好評を博した。そこで一九五三（昭和二十八）年に渋谷の東横百貨店でフレッシュジュース（生ジュース）として試売してみたところ、人気は上々で、製品は瞬く間に売り切れ、他のデパートからもジューススタンド開設の依頼が相次ぐ大ヒットとなった（図2・1）。これに味をしめて一九五四（昭和二十九）年以降は冷凍モモ、冷凍パイナップル等種類を増やし、また各地のデパートに売り場を広げた。この成功がきっかけとなり、百貨店との結び付きが強化され、一九五七（昭和三十二）年には都内ほとんどの百貨店がニチレイの冷凍食品売り場を持つようになった。

ジュースの対面販売は、消費者に冷凍食品の利点を実感してもらうにはもってこいのテストケースであった。また、後年の冷凍食品普及活動の環境づくりという点でも、大きな貢献をしたとみることができる。

◆茶碗蒸し

一九五二（昭和二十七）年に東横百貨店で発売された冷凍茶わん蒸しは、外箱が緑色だったため「緑の茶碗蒸し」という名で親しまれ、百貨店の冷凍食品売り場へは、これを目当てに買

お　詫　び

「ぜひ知っておきたい　日本の冷凍食品」

本書に使用させていただきました一部の写真に、著作権の明記が漏れておりました。関係各位に深くお詫びし、以下に該当写真と著作権（ご提供先）について明らかにいたします。

p 61　図2.1「ジューススタンド」（株式会社 ニチレイ 提供）
p 61　図2.2「茶碗蒸し」（株式会社 ニチレイ 提供）
p 67　図2.4「シューマイ」（株式会社 ニチレイ 提供）
p 90　図2.9「ホワイトパックシリーズ」（株式会社 ニチレイ 提供）
p 94　図2.10「弁当の副食として大売れした自然解凍食品」（株式会社 ニチレイフーズ 提供）

㈱　幸　書　房

いに来る人がいるほどの人気商品となり、料理店からも大量に買い付けに来たほどであった（図2・2）。

この商品は、ダシにもこだわり、鰹節は陰干しの三年ものの一番ダシで、具材は鶏肉、エビ、かまぼこ、タケノコ、松茸、銀杏、穴子、みつ葉と、豪華なものであった。料理店では、それに独自の具を加えてお客に出していたそうである。

図2.1　ジューススタンド

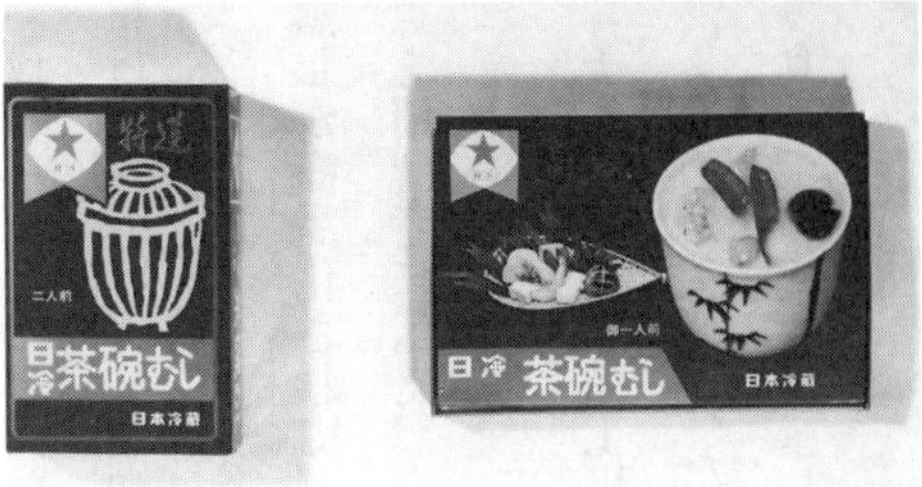

図2.2　茶碗蒸し

関東圏ではグルタミン酸ソーダを味つけに使用していたが、その調味は関西では売れず、関西向けには「関西流」に味付けを変えたという。

体裁は、ダシで溶いた卵液と具材をそれぞれ袋にパックして小箱に入れ、凍結されていた。食べるときにそれを解凍して茶碗蒸しの容器に移し替え、蒸す、というものであった。凍結には、一九五三（昭和二十八）年に輸入されたアメリオ式コンタクトキャビネットフリーザー（後述、図2・3）を使用し、急速凍結されていた。

その後、他社からチルド製品の茶碗蒸しが商品化されて、簡便さの点で負けてしまった。しかし、調理冷凍食品の可能性とその利点を消費者に伝え、売場にお客をひきつけた貢献は大きかった。

筆者は一九六六（昭和四十一）年にニチレイ吹田食品工場に転勤し、茶碗蒸しの生産に携わった。この茶碗蒸しは、親戚に持っていくと大変喜ばれたということで、十二月は特に忙しく、残業の連続であった。ニチレイ博多食品工場でも生産し、一九六五（昭和五十）年くらいまで生産が続いていたと思う。

◆スティック類

冷凍食品は品質・規格・価格が一定しており、短時間で大量に調理する必要のある団体給食（学校・病院・工場）にはうってつけであったことから、学校給食を中心に需要が拡大し、スティック類はその中心を占めた。学校給食には一九五六（昭和三十一）年頃から導入されるようになった。

当時、冷凍食品と言えば「スティック」であった。スティックというのは野菜、イカなどを短冊状に切って下処理して冷凍した製品で、中でもニチレイの開発した「三色スティック」は、タラやイカなどの水産物とサツマイモ、ニンジン、大根の葉を混合した彩りのある商品で、当時の大ヒット商品であった。一九五八（昭和三十三）年には、冷凍食品生産量の七六％がスティック類で占められた。

サツマイモは短冊にカットして油で揚げ、ニンジンも短冊にカットしてブランチ（湯通し）し、大根の葉は五～一〇㎜にカットしブランチして冷凍した。当時大根の葉を商品に使用したものはなかったので、こんなに大量の大根の葉を何に使うのかと、青果市場で話題になったということである。また、スティックにパン粉をつけて揚げる洋風スタイルが目新しく、なおかつ素材の甘みが感じられておいしく、学童たちに評判となった商品でもあった。

その後、東京の佃島の渡しのすぐそばにあった明石町食品工場にバタリング・ブレディングマシン（パン粉付け機）を設置し、ブロックカッター（定量裁断機）、通称ギロチンカッターを輸入してライン化し、量産体制を整えた。

スティック類の製造工程を簡単に記すと、次のようであった。

①各原料の下処理をする。
②各原料をミキサーで混ぜ合わせる。
③押出し機で凍結パン（凍結用容器）に充填しブロック状に整える。（三〇×四五㎝×厚さ五㎝程度のブロック）
④アメリオ式コンタクトフリーザー（接触式凍結装置）（図2・3）に具材の入った凍結皿を投入して三〜四時間かけて凍結する。
⑤凍結パンからブロックを取り出し、冷蔵庫に保管する。（脱パン工程）
⑥カッターで切りやすいようにマイナス五〜七℃に保たれた調温室で品温を整える。この工程がポイントで、硬いと製品が反ったり、割れたりする。逆に、緩いと崩れたりして廃棄が増える原因となった。
⑦調温されたブロックはバンドーソー（のこぎり状の刃のバンドを回転させるカッター）にて棒状のブロックに調整し、ブロックカッターで製品のサイズ、重量になるよう調整する。
⑧パン粉付け機に流し、パン粉を付け、凍結パンに取り凍結する。パン粉は電極式の製造方法で、硬くガリガリした食感であった。また、水分の吸収も悪く、パンクのクレ

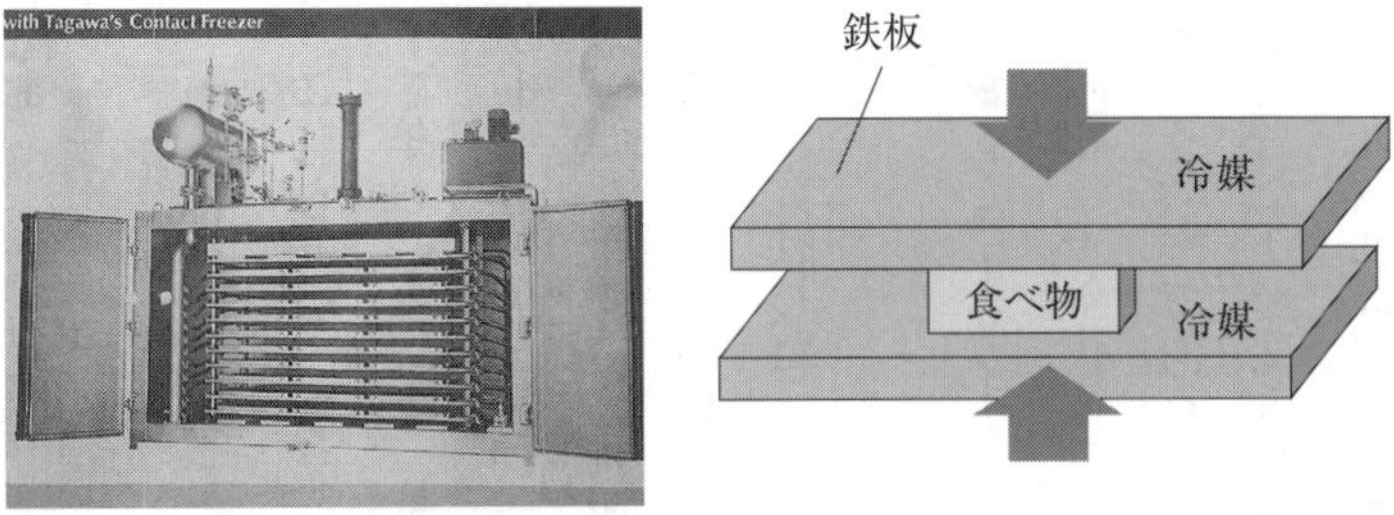

図2.3　コンタクトフリーザー

ームが多かったと聞き及んでいる。しかし、その後のパン粉の品質改良はめざましく、電極式から焙焼式へと製造方法が変わり、ドライパン粉からソフトパン粉、生パン粉へと進化した。

⑨ダンボールに包装し、製品庫に保管する。

このスティックの製造工程は、コロッケやメンチカツなどの冷凍フライ製品製造の原型である。近年では、より性能の良い成型機が機械メーカーにより開発され、前述の③から⑦の工程までが省けるようになった。さらに、インラインフリーザー（連続凍結装置）が導入されて、今日の効率的な量産体制が実現した。成型機は製品の形状・厚さと規格の重量を速く大量に作りだす、当時の「優れもの」であった。

スティック類は、短時間での大量調理を必要とする団体給食、学校給食現場に冷凍食品の利点を広め、今日、国内生産量の六五％を占める業務用冷凍食品分野の需要開拓のさきがけとなった商品なのである。

◆冷凍食品重要五品目―シューマイ・ギョーザ・ハンバーグ・コロッケ・エビフライ

これら五つの製品は、昭和四十～五十年代の中心的アイテムであった。二〇〇八（平成二十）年の品目別生産量統計でも、コロッケ一位、ギョーザは中国製冷凍ギョーザ事件の影響で九位に落ちたが、ハンバーグ六位、シューマイ八位と、常にベスト10内に入っている。エビフライは生産拠点が海外に移ったため、国内生産量としては減少した。

これらの五品目は、家庭用・業務用ともに冷凍食品の中心となる商品で、冷凍食品の発展に大いに貢献した。

◆シューマイ

昭和三十年代後半頃から生産が始まった。初期の頃は手作りで、手の早い女性で一日二千個という効率であった。昭和四十年代前半、ニチレイは機械メーカーと共同で成型機を開発し、一人当たり一日二万四千個の生産を可能にし、コスト削減と量産化を実現した。

一九六九（昭和四十四）年には高槻食品工場（現ニチレイフーズ関西工場）を建設してシュ

ーマイの単発機を二十台以上稼働させ、量産につなげた。また、一袋五十個入りの規格を二十個入りに変更し、家庭用としてスーパーの売り場に並べ、大ヒットした（図2・4、図2・5）。その後も生産設備は進化していき、成型機は連発機が開発され、自動トレイ詰め機能が装備されて袋入りからトレイ詰めとなった。

品目としてはシューマイ、高級ポークシューマイ、エビシューマイが主たるものであった。スーパーマーケットではチルドのシューマイとの競合となり、肉シューマイは苦戦を強いられた。ただ、味の素冷凍食品（株）のエビシューマイが冷凍食品のシューマイとして生き残り、一九七二（昭和四十七）年以来の超ロングセラーのヒット商品として、現在も売り上げに貢献している。現在の売り場ではニチレイが甘エビシューマイを、マルハニチロ（株）がポークシューマイを販売し、日本水産（株）はずわいガニシューマイを販売して各社が競っている。

図2.4　シューマイ

◆ギョーザ

シューマイの姉妹という感覚で商品化され、家庭用、業務用の定番商品となった。シューマイの機械メーカーが開発した成

図2.5　昭和45年のシューマイ生産ライン（(単発機使用)(株) ニチレイ高槻食品工場）

型機により生産された。製造段階における問題は、具を包む「皮」であった。具を完全に包み込むために皮の比率が高く、耳の部分が冷凍保管中に乾燥し、硬くなるという欠点があった。そのため、皮を作る麺帯機の技術と小麦粉の配合技術がポイントであった。ニチレイのもので初期の頃は〇・七㎜前後の厚さが限度であった。

家庭用冷凍ギョーザを制したのは味の素冷凍食品であった。独走体制となり、二〇〇七（平成十九）年には単品で年間売上額一〇〇億円に達する商品となっている。発売以来の超ロングセラーの「優良商品」である。これもひとえに間断なき技術革新と改良の結果である。

◆ハンバーグ

家庭用冷凍食品売り場では、ニチレイの「ミニハンバーグ」が大いに貢献している。一九六九（昭和四十四）年からの超ロングセラーの商品である。後にニチレイの社長となった当時の金田食品部次長をリーダーとして若手の優秀な社員を集め、プロジェクトチームを組んで開発した商品であった。当初は「生」のハンバーグを冷凍していたが、後に「食品衛生法」が改訂されたことにより「蒸しハンバーグ」を冷凍することとした。さらに、電子レンジでの調理が商品の条件となって「焼き目」が要求されることになり、焼き工程が新たに加えられた。

ハンバーグでは、「ふっくら、ジューシー」という品質が要求され、原料肉の処理方法が研究された。製品のグレードアップと技術革新、改良の努力が実を結び、今日の優良冷凍食品に育っている。味の素冷凍食品の「お子様ハンバーグ」と競い合ってきたことも、超ロングセラーの商品にまでなった一因である。

夕食用、あるいはメインディッシュ向けの家庭用ハンバーグについては各社挑戦したが成果が上がらず、味の素冷凍食品の『洋食亭ハンバーグ』が孤軍奮闘している状況である。

大型のハンバーグはほとんど業務用として外食産業、総菜売り場、団体給食向けに供給されている。

◆コロッケ

ジャガイモのコロッケが主流であり、あとは高級なクリームコロッケ（ホワイトソースが主原料）がある。安くておいしい、身近な食べ物として愛され、冷凍食品の品目別生産量の順位で常にトップの座を占めている商品である。

原料のジャガイモは北海道の男爵イモが適しており、パン粉は団体給食、総菜売り場ではボリューム感も求められたことから、ソフトでメッシュ（パン粉ふるいの目）の大きいものに変わってきている。種類としては、カニコロッケ、ビーフコロッケ、コーンコロッケ、カレーコロッケなどが主なアイテムであった。

食品衛生法で定められたコロッケの成分規格では、凍結前未加熱の製品で細菌数一〇万以下（一g当たり）、大腸菌陰性、サルモネラ、ブドウ球菌陰性、揮発性塩基窒素一〇〇gにつき二〇mg以下と定められていた。製造工程の細菌管理が厳しく、スタート時の殺菌消毒、午後スタート時の再洗浄・殺菌消毒と、手間のかかる商品であるにもかかわらず単価が低く抑えられており、食生活の洋風化に伴って生産品目では一番であったが、収益性が今一つのためあまり重視されていなかった。そのような中で、一九七三（昭和四十八）年の、（株）加ト吉（現テーブルマーク（株））のコロッケへの参入は大きな話題となった。

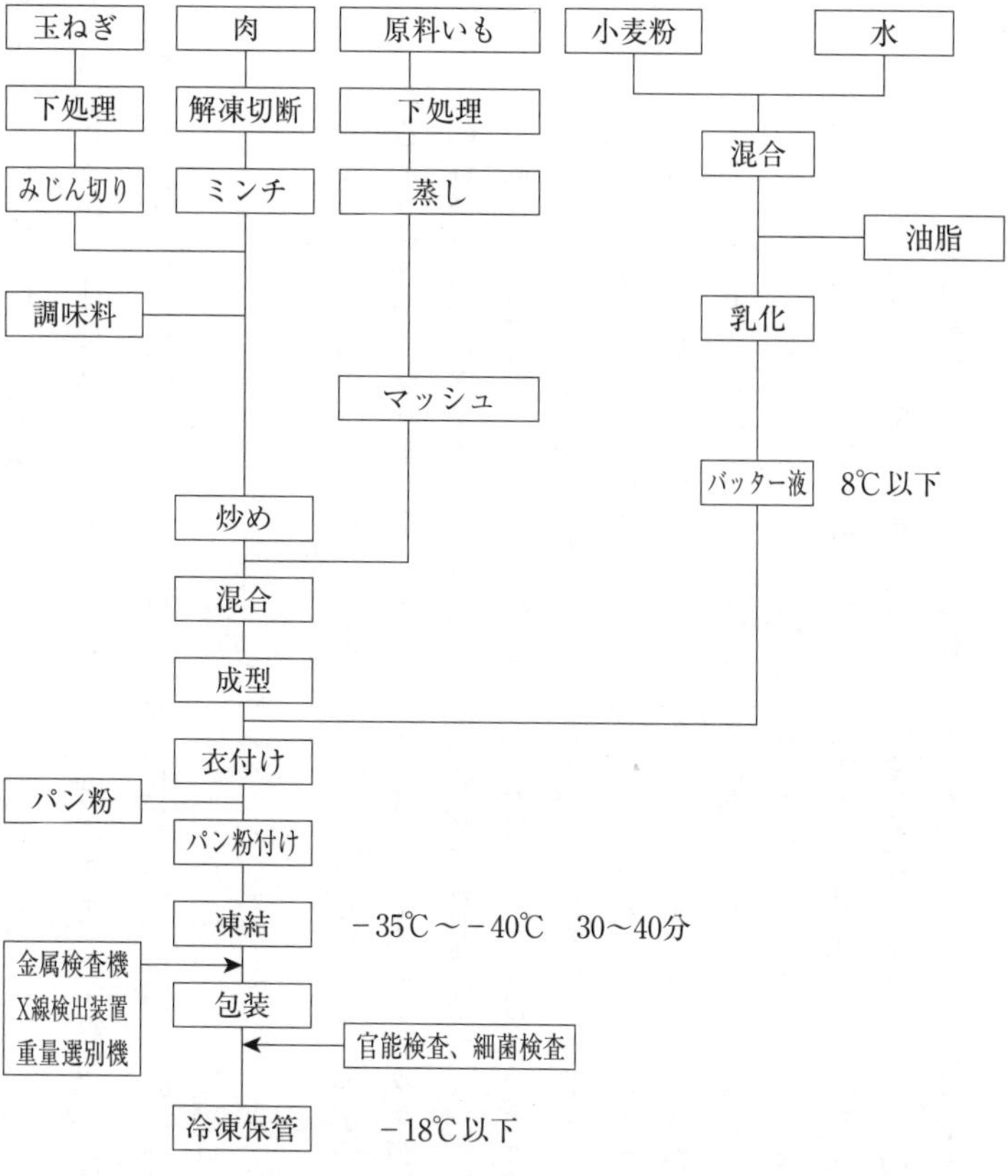

図2.6　ポテトコロッケの製造工程図

図2・6にコロッケの製造工程を示した。

加卜吉の加藤義和元社長は、その著書『がんばればここまでやれる』（株式会社経済界）の中で、コロッケの部門に進出した経緯を書いておられる。以下に、その一部を紹介する。

一九七三年（昭和四十八年）になると消費者物価の異常な上昇が続き、狂乱物価と呼ばれるような状況になりました。そんなときに日本をオイルショックが襲ったのです。この年の経済成長率はマイナス〇・五％、不況風が吹き荒れました。

「不況のときにには、不況の売れ筋商品があるはずだ」私はそう考えました。食品で考えれば、まずおいしくて誰からも好まれることが第一に挙げられます。第二に単価が安くなくてはなりません。第三に食べ応え、ボリュームがあることです。その三条件を満たす商品は何かと考えたときコロッケが頭に浮かんだのです。コロッケは他のメーカーが売り出していましたがそれほど目立つ売れ行きではありません。新規参入する余地は十分に残されていました。コロッケほど庶民に広く親しまれている商品はありません。しかも主原料のジャガイモは国内で安定的に調達できるので、為替相場に影響を受けることはありません。かきフライでは機械化が足を引っ張りましたが、型押し成形の出来るコロッケならば機械化による大量生産が可能になります。大量生産すればコストを下げることができ、

『おいしくて、安くて、ボリュームがある』の三条件を満たすことができるのです。

先発メーカーを追いぬくために、私が徹底的に考えたのが徹底的な差別化でした。当時のコロッケはフレンチフライポテトの残りを混ぜた製品が主流でした。そこで原料には新鮮なジャガイモを一〇〇％使うことにしたのです。

しかも、産地が北海道の男爵に限定し、牛肉などの副原料にもこだわりました。こうして開発された小判型の野菜コロッケとカレーコロッケは販売開始直後から爆発的な売り上げを記録します。素材にこだわったために、大量生産が軌道に乗るまでは採算面で厳しい状況が続きましたが、最終的に消費者の高い評価を得て、ナンバーワンの地位を不動のものにすることができたのです。

このような経緯もあり、コロッケは生産量の中で不動の地位を占めたのである。

加ト吉の成功に刺激されたわけではないが、コロッケ分野ではとてつもなく大型の商品がニチレイから一九九五（平成六）年に発売された。『新レンジ生活コロッケ・ミニ（牛肉・コーン）』である。

北海道士幌町の、日本一美味しい男爵イモを生産する士幌農協と提携して、士幌農協の子会社に生産を依頼して販売した。開発のきっかけは、一九九二（平成三）年に当時の金田社長が発した「三～四年かかってもいいから他社のまねのできない大型商品を作れ」という指示であった。

これを受けて当時の中野常務（現（株）菱食代表取締役社長）直轄のプロジェクトがスタートした。ディスカッションを重ね、人気は高いが伸び悩んでいるコロッケに的を絞ることになった。

子供を持つ主婦層への調査などで、「コロッケは揚げたてがおいしいのだが、油で揚げるのはいやだ」の声が圧倒的に多かった。それを受けて、「油を使わずに揚げたての味を味わえるコロッケ」と決まった。そこで、工場であらかじめ油で揚げて、家庭では電子レンジ調理により揚げたてのサクサク感を出せないか、ということが技術開発の目標となった。

そして食品開発研究所の総力を挙げての開発、生産部門、士幌町の生産工場の協力により商品化し発売、大ヒット商品となった。発売後一カ月で生産ラインを二ライン増やし、秋にはさらに三ラインを増設して、発売年度の売上は六十億円に達した。これにより、ニチレイは家庭用冷凍食品売り上げのトップに返り咲いたのである。（この項『ニチレイ五〇年史』より）

電子レンジの普及率は高くなってきていたが、ご飯を温めるか日本酒をお燗するくらいで、あまり使われていなかった電子レンジを見直すきっかけともなった。現在、ほとんどの冷凍食品のパッケージには電子レンジでの調理条件が表示されており、新商品開発の条件として、電子レンジで調理できることが要件の一つとなっている。

◆エビフライ

当初は重要五品目であったが、海外に生産がシフトしたため、国内ではほとんど生産されなくなった。ニチレイは、生産拠点を原料産地であるタイに移し「産地パック」として、獲れたての新鮮な原料をエビフライとして加工している。現地に合弁会社を設立して海外進出の拠点とし、製品の幅を広げ、鶏のから揚げなども生産している。

◆うどん

冷凍うどんは、二〇〇八（平成二十）年には品目別生産量一三万五千トン、構成比九・二％で、コロッケに次いで第二位を占めている。

生麺をゆでた直後に急速凍結し、喫食時には加熱解凍のみで「ゆでたての状態」に戻る非常に便利な食材で、冷凍麺の主流を占めている。圧倒的シェアを占める加ト吉が、地元の讃岐うどんの商品化を実現したのが最初である。小麦粉の選定、でんぷん類の選択、その他製造上の試行錯誤を重ねて冷凍讃岐うどんを完成させた。一九八二（昭和五十七）年に、まず業務用から販売が開始されて評判となり、一九八八（昭和六十三）年には瀬戸大橋の開通を機に家庭用が発売され、ヒット商品となった。

製造方法に関しては、連続式の急速凍結装置が技術的に進歩していった結果、麺の圧延→切り出し（麺帯をうどん麺幅と長さに切断）→ゆで→水洗→冷却→整形（型に入れる）→凍結→型抜き→包装、という一貫した生産工程が可能となり、製品の品質向上に寄与した。

うどんは釜揚げが一番おいしい。ゆで上げ直後の麺は表面の水分が八〇％程度、中心部は水分の浸透が遅れるため五〇％程度と、表面から中心部への水分勾配があり、これがコシの強さの源となる。この状態は時間の経過とともに刻々と水分の平衡化へと変化するのだが、急速冷凍はこの現象を止めるため、茹でたてのおいしさが保たれるわけである。

冷凍麺にはうどんの他に、そば、中華麺、スパゲッティなどがある。冷凍中華麺ではラーメン分野に日清食品（株）が参入し、具材入りも各社が競っている。冷凍スパゲッティは大手の製粉会社が参入し、「その他のめん類」として分類され、一〇万四千トンの生産量となっている。麺類合計では二四万トンにもなり、コロッケの一七万トンを凌駕している。

うどんは、冷凍食品の主力商品であった総菜とは異なる、「主食」という新しい分野を切り開き、冷凍食品の量的成長に大いに貢献した商品といえる。

二〇〇二（平成十四）年にはマスメディアが「讃岐うどん」を取り上げ、讃岐への観光客の増加、首都圏でのセルフ方式讃岐うどんチェーン店の開店ラッシュという、「うどん」にあやかったブームとなった。

◆ピラフ・炒飯

ピラフと炒飯の二〇〇九（平成二十一）年の生産量は一〇・一万トン、構成比七・二％であった。これはコロッケ、うどんに次いで三位の規模である。ピラフと炒飯は、使用原料や味付けが異なるだけで製造工程はほぼ同じなので、分類についても同じくくりとなっている。

ピラフは、一九七一（昭和四十六）年に日本酸素（株）の子会社である（株）フレックが開発し、業務用として喫茶店やレストランに販売し、フライパンで解凍調理し提供できる、極めて簡便な商品としてランチメニューなどで好評を博した。ピラフの中で、エビピラフは最も代表的な品目であり、味の素冷凍食品が一九七三（昭和四十八）年に発売して以来の超ロングセラー商品となり、エビピラフ市場を制覇している。

製造方法は、液体窒素の凍結装置を使い、急速凍結後に米粒をパラパラにほぐしたバラ凍結品である。フライパンで簡単に調理できるバラ凍結品は、極めつけのアイディアであった。

バラ凍結の技術には、以下の三つの方式がある。

① 炊飯米を液体窒素で板状に凍結し、バラ化する方式：欠点としては、衝撃により破砕米が出やすい。

② ロータリー方式：液化炭酸ガスと炊飯米を一緒にロータリーに投入し、一気にバラ凍結する。破砕米は発生しないのが利点である。

③ エアーブラストを用いるトンネル方式：炊飯米のほぐしと凍結後のバラ化の工程が必要で、破砕米が発生する。ガスを使用するロータリー式より凍結のコストは安い。

一九八〇（昭和五十五）年、持ち帰り弁当店の『ほっかほっか亭』などが営業を開始し、急速に店舗をふやしていった。当初、「ご飯は家で作って食べるものであって、ご飯を買って食べるという習慣が日本人にはないので、持ち帰り弁当は売れない」といわれていた。

ところが、持ち帰り弁当のご飯は極めて良質のお米で炊きあげられ、ご飯のおいしさを売りにしたので、持ち帰り弁当は一躍マーケットを築き上げることとなった。それまで米の加工品は、破砕米や単価の安い古米などを用い、ことごとく失敗していた。筆者も当時喫食して、そのおいしさに驚いた記憶が残っている。

このような背景から、米飯の冷凍食品も売れるようになってきた。一九八一（昭和五十六）年、明治乳業（株）がピラフ、ドライカレー、チャーハン等を販売し、冷凍食品業界に参入してきた。ニチレイは一九八七（昭和六十二）年に「洋食屋さんシリーズ」としてエビピラフ、ドライカレーで参入し、一九八八（昭和六十三）年にはニチレイ船橋食品工場に米飯の新工場を建設するまでになった。

しかし、初期の米飯の冷凍食品製造現場は、それまでの総菜の生産とは比較にならないくらいきめ細かな作業が必要であり、大変な苦労をした。

まず、原料米（精白米）はトランスパックといわれる五〇〇kg入りの通い袋で入荷する。原料米の品質が、炊き上げられたご飯の質を左右するため、異物混入防止も含めて抜き取り検査を行い、品質を確認する。この過程では精米業者とのコミュニケーションに努めたものである。

エビピラフは、一袋ごとにエビの配合率が決められていたので、バラ状で凍結保管されたエビをミニコンピュータースケールで計量し、そのあと冷凍米を計量して充填、包装していた。この工程はマイナス五℃以下の部屋での作業なので、精密な包装機が結露しないようにしなければならなかった。

衛生管理については、食品衛生法の衛生基準や各得意先の上乗せ基準をクリアするため、作業終了後の掃除・清掃を確実に実行すること、作業開始前の各工程のクリーニングなどにも多くの時間が費やされた。

基本の製造工程は図2・7のようである。

ピラフ類は一九七三（昭和四十八）年に発売された味の素冷凍食品のエビピラフが牽引して生産量を伸ばし、あとに続くおにぎりやバラエティーに富んだ具材、味付けご飯類の商品化に影響を及ぼし、冷凍食品の発展に貢献した。ご飯類は主食だけあって、冷凍食品の国内生産量を飛躍的に増加させ、今日の消費量二四〇万トン台への貢献度は大きい。

ピラフ、チャーハンの代表的な品目としては、エビピラフ、チキンピラフ、カニピラフ、高菜ピラフ、チキンライス、ドライカレー、バターライス、オムライス、本格炒め炒飯、あぶり炒め炒飯等がある。

◆本格炒め炒飯

炒飯は中華料理の中で最もポピュラーな料理である。どんなに高級な中華料理の店にも炒飯

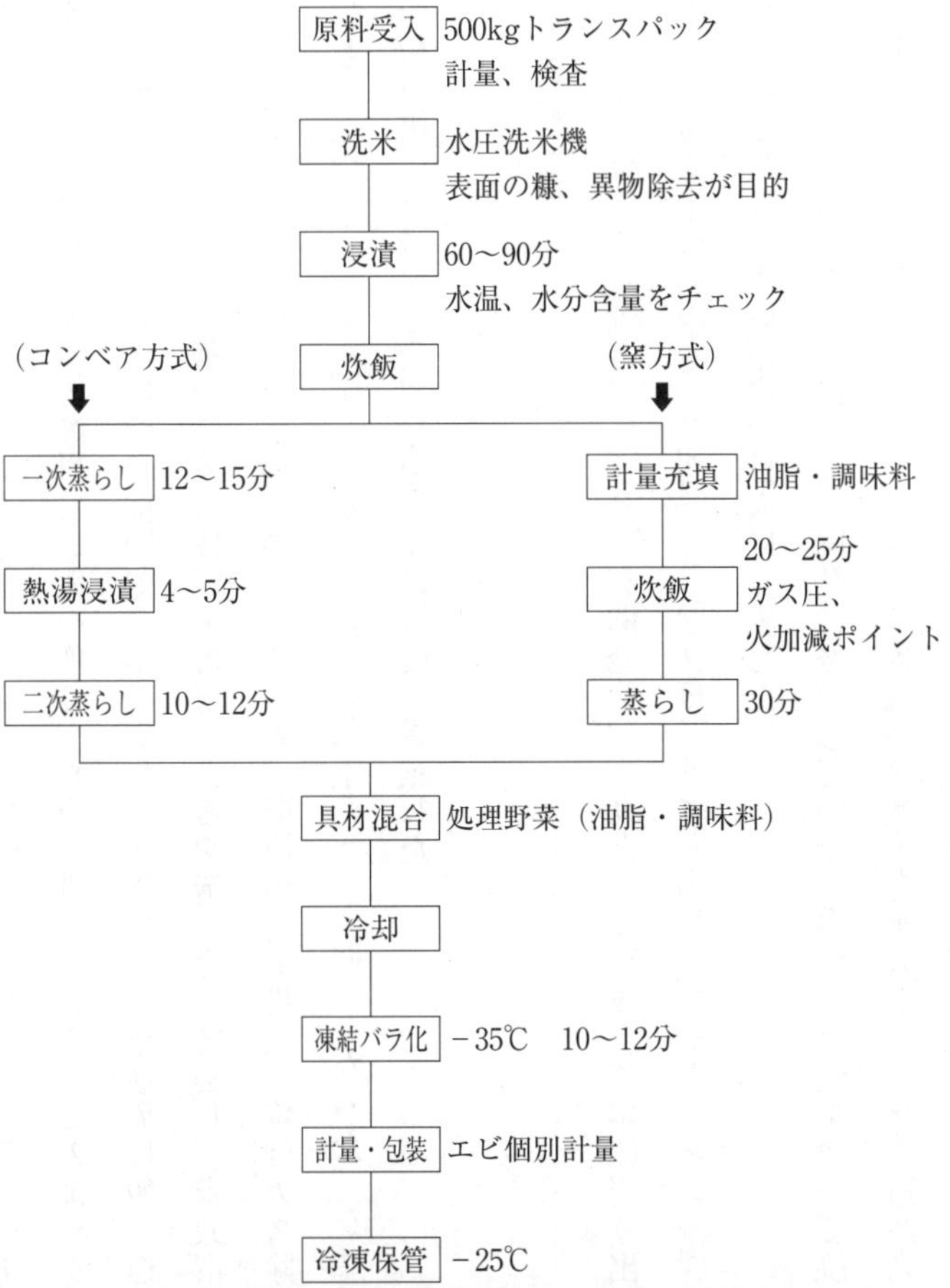
原料受入
500kgトランスパック
計量、検査
洗米
水圧洗米機
表面の糠、異物除去が目的
浸漬
60〜90分
水温、水分含量をチェック
炊飯
（コンベア方式）
（窯方式）
一次蒸らし
12〜15分
熱湯浸漬
4〜5分
二次蒸らし
10〜12分
計量充填
油脂・調味料
炊飯
20〜25分
ガス圧、
火加減ポイント
蒸らし
30分
具材混合
処理野菜（油脂・調味料）
冷却
凍結バラ化
−35℃　10〜12分
計量・包装
エビ個別計量
冷凍保管
−25℃

図2.7　冷凍エビピラフの製造工程

はメニューにあり、有名なシェフも中華鍋をあおって炒飯を料理している。一方、家庭では冷や飯や残り物の食材を使って簡単に炒飯を作り、食卓に供している。このようなすそ野の広い料理に目をつけ、ニチレイは開発部門で二年の歳月をかけて「本格炒め炒飯」を開発した。目標としたことは、中華の達人の技術を再現できる製造工程を構築し、米飯市場でナンバーワンになることであった。中華鍋でのあおり炒め、卵液の連続投入、焦げカス除去等の技術をものにし、二〇〇一（平成十三）年から発売して大ヒット商品となった。シェアNo.1を達成し、米飯市場に刺激を与えて冷凍食品の発展に貢献した。

◆焼きおにぎり

日本水産（株）が「焼きおにぎり」を開発し、一九九〇（平成二）年に売り出し、ピラフや炒飯中心の冷凍米飯の中で、「和風」という新分野を開拓した。電子レンジ調理の簡便さも消費者の支持を得て、米飯市場の拡大に貢献した。

ニチレイも本物の焼きおにぎりの開発に努力していた。白飯に醤油を塗って焼きあげる、香ばしいあの焼きおにぎりである。原料米は各地の銘柄米をテストし、北海道産米の「きらら397」が選ばれた。ホクレンも北海道産の米を販売拡大すべく躍起になっていた時期でもあり、タイミングは良かった（図2・8）。北海道の米は気候の影響もあってか、当時は「まずい」との評判であり、相場では最も安い価格で取り引きされていた。しかし、この米がおにぎりに適していたのである。まさに天祐であった。

醬油にも独自の工夫がなされ、香ばしさを実現した。一九九一（平成三）年、『日本の味シリーズ』として讃岐うどんとともに売り出し、大ヒットした。バブル崩壊後の不景気の最中、既存工場に生産ラインを増設し、生産増を補った。

図2.8　おにぎりの成形後（上）**と凍結前**（下）**の様子**

ニチレイは、一九九四（平成六）年に発生した阪神淡路大震災の際に、焼きおにぎりを一日十万個の支援物資として、すぐ食べられるように冷凍しないで冷却したのみで、高槻食品工場から提供した。当時の金田会長の鶴の一声であった。生産部長であった筆者は食中毒等の不測の事故を恐れて、躊躇《ちゅうちょ》したことが今でも恥ずかしい。

◆そばめし

二〇〇〇（平成十二）年に発売され、空前のブームとなった。冷凍食品業界の伝説になるであろう驚異的な売れ方であった。売れすぎて生産が間に合わず、生産体制を整えるため一時販売を休止するほどであった。その間他社も参入せず、生産体制を整備して販売が再開された。

聞くところによると、「そばめし」のルーツは神戸のおばちゃん労働者の昼食だったそうで、お好み焼き屋で家から持参した冷や飯とともに焼きそばを焼いてもらい、作ってもらったものであったという。ボリュームがあり、焼きたてのソースの味と香ばしい匂いはおばちゃんたちの空腹を十分に満たし、午後からの労働への「やる気」の源になったと思われる。お好み焼き屋の主人とおばちゃんたちの気さくな庶民感情が、おいしさを醸し出している商品であった。ニチロの開発担当者の発見であろう。御当地の有名な食べ物からヒントを得た商品である。

二〇〇二（平成十四）年には四十二億円の売り上げを記録したそうである。現在でも売り場の定番商品として定着している「優良商品」である。

◆チキンナゲット

一九八五（昭和六十）年は、「日本冷蔵株式会社」が「株式会社ニチレイ」に社名変更した年であった。その披露を兼ねたフレッシュコンベンション（新商品発表会）に『24 hrシリーズ』（24時間いつでも食べられるというコンセプト）の商品として発表された。爆発的なヒットとなり、家庭用マーケットにチキン商品、スナック商品の新分野を創出し、第二次石油ショックによる不景気で低迷していた家庭用マーケットを活況に導くことに貢献した。

筆者はこの年、出向先の千葉畜産工業（株）から、チキンナゲットを生産する大阪の高槻食品工場に工場長として復帰して畜産加工技術を移転し、品質、歩留の向上、新しい製造技術の開発に貢献することができた。畜産部門という分野を経験し、畜産加工の技術や牛・豚・鶏の食肉の勉強ができ人脈を得たことは、チキンナゲット、から揚げ、ハンバーグ等の食肉冷凍食品の生産に大いに役立った。

一九八五（昭和六十）年九月、「プラザ合意」がなされた。その結果、円高不況を呈し、金融緩和の政策によって余剰金が土地や株式投機に流れ、バブル経済を誘発し、社会は好況を呈するようになった。それは、その後の冷凍食品業界発展への好循環をもたらした。また、円高は輸入原料の価格を低下させ、タイや中国から安い原料価格のブロイラーの輸入が急激に増加したことも追い風となった。（表2・1）

ファストフードのマクドナルドが同じ年にチキンナゲットを発売し、テレビ宣伝を含めて、

表2.1　ブロイラー輸入数量推移

年度	数量（トン）	伸び率（%）
1980	72,172	335.1
1982	105,532	146.2
1983	104,401	98.8
1984	107,412	102.8
1985	105,292	98.1
1986	180,110	171.1
1987	203,755	113.1
1988	270,639	132.8
1989	280,772	103.7
1990	301,356	107.3
1991	357,949	118.8
1992	405,583	113.3

日本人にチキンナゲットの何たるかを教えてくれたことも追い風であった。ナゲットとは「金塊」という意味であることも知った。使用するブロイラーの部位は脂肪の少ない、淡白な味の胸肉であり、添付のソースがおいしく食べるのに重要な役割を果たしていた。

『24 hrシリーズ』でのチキンナゲットの爆発的なヒットは、これ以降のチキン加工品（から揚げ等）開発の突破口となった。冷凍食品業界の新商品開発のあり方に強いインパクトを与え、業界で以後数々のヒット商品を生み出した端緒になったものと確信する。

◆から揚げチキン

一九八八（昭和六十三）年、中高生のお弁当シリーズとしてニチレイが発売した。コンセプトは次のようなものであった。

① ポピュラーな家庭料理として日本人に最も好まれていたから揚げを、冷凍食品として売り出すこと。

② 中高生のお弁当シリーズとして開発すること。

③ チキンナゲットの胸肉から、日本人の好む、また伝統的な醤油に合うモモ肉を原料とする。胸肉に対して約二倍近くの原料価格の高さを吸収する工程の工夫。

④ 冷めてもやわらかい食感を実現する。

⑤ プレフライ製品として、電子レンジ調理ができること。

これらのコンセプトの達成状況は、③については定量・不定形の製品を生産できる成型機を開発し、加熱・油揚工程を工夫し、量産化を実現した。よって高価格のモモ肉を使用したから揚げが実現した。④については、漬け込み技術を活用して実現した。中高生のお弁当用として、忙しい朝の電子レンジ調理、喫食時に冷めていてもやわらかいという特徴により、発売以来大ヒット商品になり、以後も販売量を増やし、超ロングライフの商品として、現在も消費者の支持を得ている「優れもの」である。

◆「ホワイトパックシリーズ」の商品

一九七三（昭和四十八）年十月に発生した第一次石油ショック、一九七九（昭和五十四）年の第二次石油ショックにより、冷凍食品業界は大変な打撃を受けた。昭和四十八年の家庭用冷凍食品の生産量は、対前年比で一六一％と伸びたが、翌四十九年は対前年比九〇・四％と、大幅に減少してしまった。これは、一九七〇年代初めに味の素、旧雪印乳業（株）が冷凍食品事業に参入したため、家庭用冷凍食品の生産量が増加したことと、石油が輸入されなくなるのではないかとの不安から、冷凍食品会社各社が在庫の積み増しを実施したためである。

筆者は、一九七四（昭和四十九）年にニチレイ博多食品工場に工場長として赴任した。当時、冷凍食品の消費は落ち込み、在庫を多く抱えて生産しようにもそれができず、包装資材は割り当てだったので引き取らざるを得ず、しかもその購入価格は三倍近くに跳ね上がった。また、冷凍食品はその頃「エネルギー多消費食品」のレッテルを貼られ、消費者に目の敵にされた。

そのようななか、救いとなったのはファミリーレストランなどの外食産業の勃興であり、それによって昭和五十年代は業務用の需要が増加し、家庭用の不振を補うようにして発展した。一九七五～八四（昭和五十～五十九）年の間でみると、家庭用が一・六七倍であったのに対し、業務用は二・三一倍の伸び、という数字がそれを裏付けている。表2・2に外食産業市場規模の推移を示した。

昭和五十年代初めのころの業務用は、学校給食等の団体給食用が主で、ファミリーレストランなど外食用の食材とは品質に格差があった。ファミリーレストランの大手は自らセントラルキッチンを持ち、店内調理が主であった。そこに冷食業界は売り込みをかけたが、商談では冷凍食品の調理技術に対する弱さが指摘され、業界ではその改善に向けて努力した。シェフに罵倒され、屈辱に耐えての努力であった。

表2.2　外食産業市場規模（10年間で2.23倍）

	市場規模	対前年比（%）
1975（昭50）年	8兆6,257億円	
1980（昭55）年	14兆6,343億円	170
1985（昭60）年	19兆2,768億円	131

（外食事業総合研究センター）

このような状況下、日本冷蔵（株）・現ニチレイは一九七六（昭和五十一）年、『レストランパックシリーズ』として、白い箱にコックさんマークと商品名、Restaurant Use Only と印刷しただけのシンプルなパッケージで、百貨店やスーパーマーケットで売り出した。勃興期の外食産業にも使える商品を売り出そうと、町中の小型レストランや飲食店に向けて、中型の箱の冷凍食品として開発したのである（図2・9）。そこでは、南極観測隊用、東京オリンピック選手村、大阪万博でのレストラ

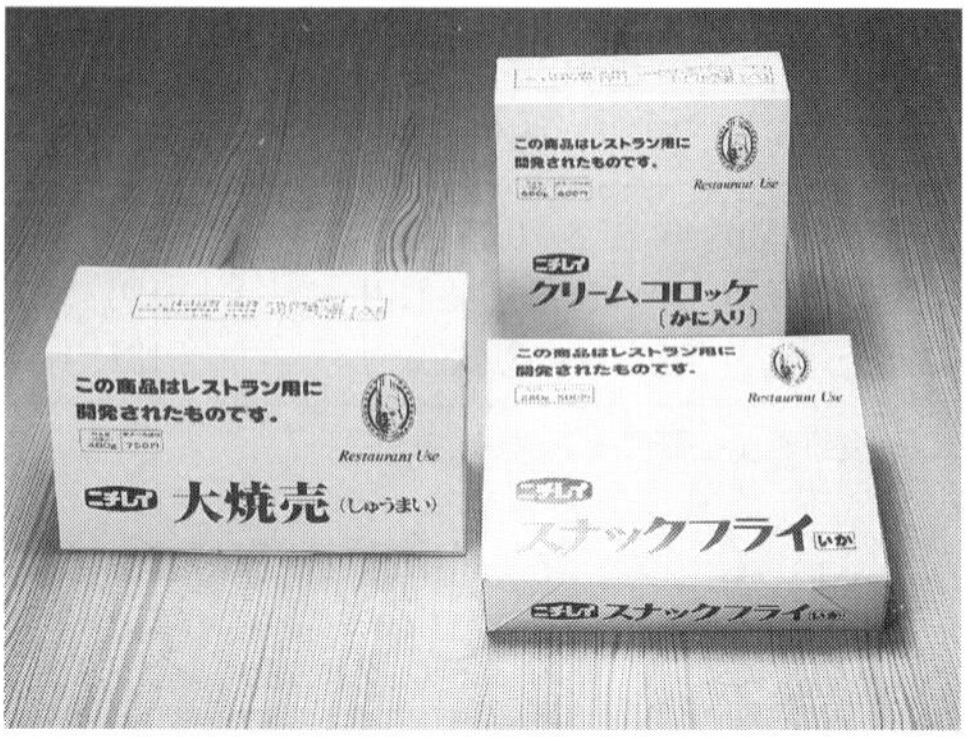

図2.9　ホワイトパックシリーズ

ン等のために、一流ホテルのシェフと組んで開発に当たった高級冷凍食品の調理技術が生かされた。

一九七八（昭和五十三）年には、家庭用として『ホワイトパックシリーズ』を発売した。レストランの味にそれぞれの家庭らしい一工夫を加えて食卓に供することのできる、高級でおいしい食材という位置付けの冷凍食品を出そう、というのが発想の原点であった。例えば家庭で作るのが難しいカニクリームコロッケは、高級レストランコロッケ種に小麦粉などの薄い衣を付けた状態で冷凍した半加工品で、食べるときに家庭でパン粉などの衣をつけて揚げるようになっている。その調理の過程で一工夫加えて自分好みの味にすることもでき、まさにレストランの味を家庭で楽しめる「食材」といえる。

「ちょっと高級な冷凍食品」は注目を集め、画期的なシリーズとなった。販売手法についても、一切値引きをせず高い値売り率で売っていく手法で、ニチレイブランドを「他とはちょっと違う」とするイメージ作りに成功した。

このシリーズの商品はハンバーグステーキ、カニクリームコロッケ、ツナクリームコロッケ、春巻、コーンポタージュ、茶碗蒸しベース、マカロニグラタン、ピザクラフト、スナックフライ（イカ）等であった。

この中で、コーンポタージュは濃縮スープを解凍して牛乳を加えて調理する本格的な商品であった。当時のニチレイ焼津食品工場で、特定の得意先向けに細々と生産されていたが、新任の工場長が「こんなにうまいものがあるのか！」と本社に紹介して全社的に販売する方針となり、日の目を見ることとなった。よく売れた商品であったが、その後、競合する乳業会社が牛乳を加えなくてもよいストレートタイプのチルド商品を発売したため、売り上げは落ちていった。いくら品質が良くても、調理の簡便さは大切な要素であることを経験した。

◆骨なし魚シリーズ

二〇〇一（平成十三）年、（株）大冷が先駆者で、太刀魚、サバ、カレイなどの骨を手作業で丁寧に除去して切り身にし、煮魚、焼き魚、照り焼きなどに加工し、新分野を開拓した。

大冷の後藤顧問（前常務）は一九八一（昭和五十六）年、業界紙のアメリカ視察ツアーでご一緒した仲間であったが、後年話を伺うと、そのときアメリカのスーパーマーケットで、骨なし、皮なしの魚の商品を見かけていたそうである。

当時、肉に比べて魚の消費が減ってきており「魚離れ」が言われていたが、子供たちへの聴き取り調査によると、「骨があるからきらい」、「皮がきらい」などの返答が多かったという。しかし、当時「骨なし魚」は売れなかったそうである。「開発屋の夢幻か」、「骨のない魚は魚ではない」などと、魚文化の壁にはね返されたそうである。

ブレークのきっかけは一九九八（平成十）年、医療食を扱う会社へ同商品を提案したことによる。介護食、介護食弁当向けの納入に道を開いたのである。魚の骨は介護食では危険異物となる。そこで、介護食はもとより調理の簡便さ、解凍不要のメリットから、需要が拡大したそうである。残る大きなマーケットは家庭用である。

「骨なし」のネーミングは「骨抜き」とか「骨取り」、「ボーン・レス」のネーミングと比較して限りなく厳しい、骨があってはならない商品であった。ファストフードにフィッシュハンバーグの魚を納めている先輩会社に教えを請い、骨抜き担当や検査の従業員には繊細でセンスのある人材を担当させる、またX線異物検出装置を設置するなどして対応し、現在ではクレームは百万食に一件のレベルとのことである。

この商品は食文化、食育の問題でマスコミに騒がれ、六十回以上も議論の場に呼び出されたそうである。しかし、騒がれるほど評判を呼び、売り上げは伸びていった。

大冷の二〇〇九年三月期は、中国天洋食品のギョーザ事件の後だったにもかかわらず八十二億円、前期比四％増を達成した。後藤顧問の三十年近い執念が実を結んだ、新分野開拓の事例である。

大冷は、二〇〇九（平成二十一）年には家庭用として『楽らくクック』シリーズを売り出した。「凍ったままでおいしく調理できないか」がさらなる課題で、欠点としての「水分が抜けパサパサになること」、「魚の生臭さを除くこと」の研究に二年を費やした。その結果、切り身の保水力を高め、クロレラエキスを使用して魚臭さを除くのに成功し、特許を取得した。これからの冷凍商品の拡大に楽しみな分野である。

◆自然解凍商品

日本水産（株）が一九九九（平成十一）年、『お弁当に便利シリーズ』として自然解凍で食べられる「ひじきの煮つけ」を発売した。お弁当の副食として、何も調理しなくてもよく、ただお弁当箱に入れるだけでお昼には解凍して食べ頃になっているという簡便さは、朝のお弁当作りに忙しい主婦の圧倒的な支持を得た。
また、「和総菜」という新しい分野を提供し、以後、「きんぴらごぼう」や「小松菜のお浸し」など、毎年新製品をうち出し、売れ行きは上昇した（図2・10）。

弁当商材の発展は調理機器との関連が強く、電子レンジの普及とともに冷凍食品の調理法が変わり、調理機器の変遷とともに冷凍食品の市場は急拡大していった。自然解凍商品は、何も手を加えずともそのまま食べられるので究極の簡便性を追求した商品であるといえる。今後、お弁当用だけでなく夕食用や、業務用の外食用と開発・拡大していけば、新たなマーケットが開けるかもしれない。

他にも自然解凍での面白い商品が出ているので、次に紹介する。

図2.10　弁当の副食として大売れした自然解凍食品

●アグリフーズ（株）

二〇〇三（平成十五）年『小鉢のまんま　きんぴらごぼう&ひじき煮』を売り出したのがスタートであった。主婦モニターの意見の中に、蒟蒻《こんにゃく》ゼリーを冷凍して保冷材代わりにすることで弁当の痛みを防止しているという意見があった。保冷材的な使い方として、冷たいまま弁当箱に入れられる商品であることを主眼に開発したものである。

二〇〇四（平成十六）年には「れんこんきんぴら」「いんげんごまあえ」「小松菜と油あげおひたし」で三種×二カップの組合せを提案し、以後三種組合せは幅広い支持を集め、家庭用冷凍食品の新分野となり、現在も拡大している。

●味の素冷凍食品（株）

二〇〇六（平成十八）年、「カップに入ったエビグラタン」「若鶏モモから揚げ」を自然解凍品として発売。製品までに二年かけた。二〇〇九（平成二十一）年には「エビ寄せフライ」「ジューシーハンバーグ」なども自然解凍でＯＫとの表示をしている。

●（株）加卜吉（現テーブルマーク（株））

『和風亭六種のおかずセット』を二〇〇六（平成十八）年に発売した。六個入りで、日替わりおかずが楽しめることをアピールして好評を得た。茄子の揚げびたし、小松菜のお浸し、きんぴらごぼう、ひじき煮、切干し大根、オクラのごまあえの六種類の和総菜であった。

自然解凍品は、解凍時に細菌の繁殖が懸念されるため、商品を出している各社とも、製造においては細心の注意を払っている。菌数基準厳守、原料の初発菌数の抑制、こまめな手洗い、機器ラインの消毒清掃の徹底、細菌の増殖しにくい原料配合、加熱条件、ライン上での滞留防止などを実施している。

自然解凍は究極の簡便さである。冷凍食品は解凍や加熱調理してからでないと喫食できないものがほとんどであるため、この工程が省けることは非常に有利である。

■ヒット商品のこれから

以上、冷凍食品の普及と発展に貢献したヒット商品を紹介した。主として家庭用で現在も売り場に並んでいる商品を対象に、消費者になじみの深いものをピックアップした。前述した自然解凍でそのまま食べられるという商品は、お弁当の保冷材代わりに使われているなど、忙しい主婦層に少なからずお役に立っているのではないかと思う。

ヒット商品の歴史を見れば、家庭での日々の食事作りに追われる主婦（夫）の時間を解放してきたことがよくわかる。「手作り」の良さは何物にも代えがたいものがあるが、これから迎える高齢・単身者世帯の増加や福祉施設などでの利用に応える商品開発が、今後、社会の大きなニーズとしてあるのではないだろうか。

二．生産機械の活躍——誰が作っても同じ品質に

冷凍食品の製造は、手作業の工程は残すものの、多くの部分は機械を利用して作られている。その中でも、とくに品質の向上をもたらした優れた機械・装置を紹介する。

■原料の解凍を飛躍的に改善した原料肉解凍装置　〜高周波加熱解凍機〜

食品工場での製造に使用する食肉類は、ほとんどが冷凍されたものである。したがって解凍の工程が必要である。それまでは、一日の作業の終了後に翌日の原料を冷凍庫から作業場に引き出して、室温もしくは流水で一晩かけて解凍していた。これはお金のかからないやり方で、このために解凍装置に対する需要は少なく、技術の活用は置き去りにされていた。

しかし、この方法だと外部の熱を利用しての解凍なので、原料の表面と内部の品温がバラつき、先に解凍された原料表面からのドリップ（肉汁など）流出による旨味成分の損失、歩留低下、細菌の増殖などが発生し、商品の品質を落とす原因の一つとなっていた。また、解凍スペ

ースの確保や、流水解凍の場合は解凍水を必要とするなどのデメリットも多くあった。

そこで考えられたのが、高周波加熱解凍装置（※）である。この装置は高価なものであったが、それまでの解凍の際の欠点をほとんど解消し、必要な解凍温度のコントロール（※）が確実になり、時間も短縮され、原料処理の連続化が可能となった。そのため工程の停滞もなくなり、原料の品質、衛生管理も安定した。とくに食肉を主原料とするハンバーグやから揚げ、カツ類などにおいて、品質管理やコスト削減に大きく貢献した。

※高周波加熱の原理：高周波もマイクロ波も電磁波である。食品のように電気伝導度の低い物質に電磁波を照射すれば、電磁波は内部に浸透し、熱エネルギーに変換される。このため内部加熱と呼ばれ、物体の外部と内部をほぼ均一に急速に加熱することができるので、「均一に早く」という理想的な解凍が実現できるのである。高周波の周波数は一三・五六ＭHz、電子レンジで使われるのは二四五〇ＭHzのマイクロ波である。周波数の高いマイクロ波は加熱効率が高く、高周波は低い。また周波数が高ければ高いほど物体への浸透が悪く、低いほど浸透度は良い。容量の大きい原料の解凍には高周波のほうが適している。注意点としては、完全解凍温度マイナス三℃くらいの解凍終にとどめることである。

※解凍温度のコントロール：高周波発振装置それぞれに自動整合装置を内蔵しており、解凍状況に合わせて最適なエネルギーの供給を行う。また、コンピュータに各原料の解凍条件を入力設定できるので、常に最適条件で自動運転ができる。

■パン粉に優しい機械　～パン粉付け機～

フライ製品は冷凍食品の主力であり、国内生産量の二五％を占めている。調理・成形された食材にパン粉を付ける〝パン粉付け機〟も冷凍食品の成長とともに進化してきた。

冷凍食品においても家庭や総菜店、お肉屋さんの手作りのような品質が求められ、パン粉はドライの、硬い、揚げたときにガリガリするような食感から、やわらかくサクサクした食感とボリューム感が求められ、砕片の大きい生パン粉が主流となった。

生パン粉は水分含量が三〇～三五％と多く、崩れやすい性質のものであった。したがって、パン粉付け機にパン粉を供給する装置は、移動するパン粉にできるだけダメージを与えないよう、破砕から守る工夫がなされた。パン粉の絨毯《じゅうたん》の上にのった製品は、ネットからコンベアに替わった台の上で優しく

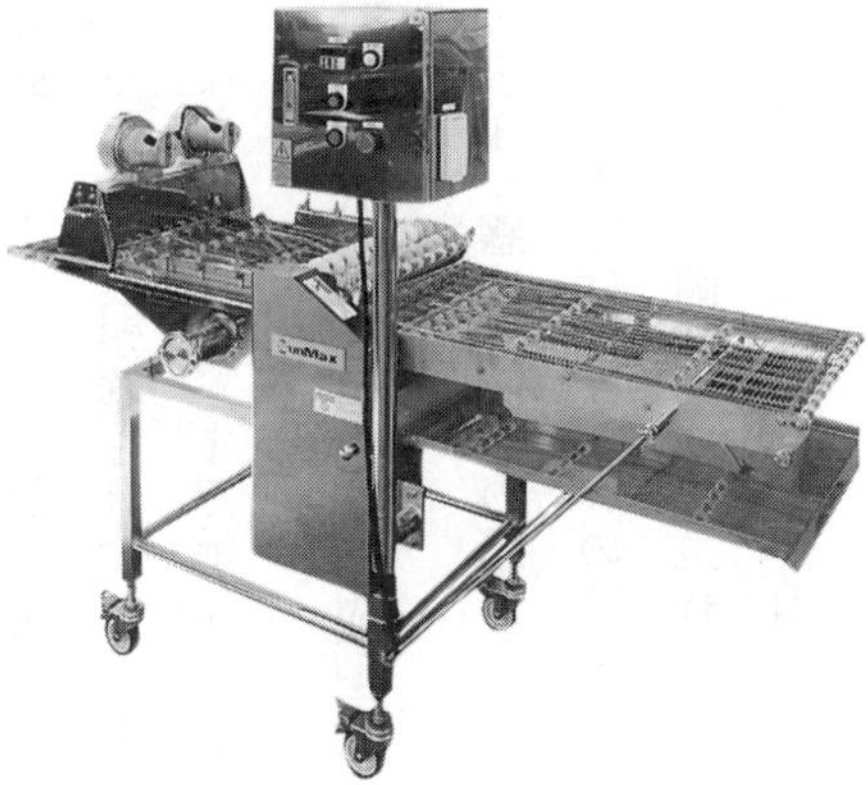

図2.11　バターリングマシン（サン・プラント工業（株））

移動し、上部からの振りかけ方式でパン粉が付けられ、スポンジドラムでやわらかくプレスされるよう改良が施された。そして、パン粉付け機へのパン粉の供給は空気で送る、などの工夫がなされた。まだまだ進化の途上であるが、冷凍食品の発展に貢献した生産機械である。

■手作り感を追求する成型機

手作り感は、商品の魅力としては大変大事だが、同じ大きさ・重さで何万個と作るには、実際人の手ではできないのである。そこで成型機の登場となる。同じ大きさ、同じ形と重さ―これは均一な調理、冷凍工程では、同じ品質を維持するための欠かせない条件なのである。さらに、手作りに近い食感が消費者に好まれることから、そのような製品の実現が成型機にとっての至上命題なのである。また、品物の具材を定量に分割し成形する機能をもち、製品の形が一定で重量のバラつきが少なく、材料の損傷が少ない構造であること、洗浄殺菌が容易であることが必要である。

成形の原理は、モールドと呼ばれる金属またはプラスチックの型に具材を押し込むことで、形を作り重量を量るものである。型は小判型、円形、長方形等、求める厚さや形を勘案して、製品の重量となるよう設計する。重量のバラつきを少なくするには、スクリューやピストン等

図2.12　成型機（山中食品機製作所HPより）

の押し込み圧力が一定であることが必要であるが、それは具材の損傷原因ともなる。

● ハンバーグ成型機

ハンバーグの成型機には、ハンバーグの型が回転するドラム式と、プレス方式のスライド式の二種類がある。ドラム式はスクリューで型に押し込むので具材が練られやすい。成型スピードは速く、量産に向いた機械である。コロッケの成形にもドラム式が使われる。

スライド式はプレスして型に具材を押し込むので、密度は均一で具材の損傷は少ない。型からの取り出しはカップによる打ち抜きで、成形能力は劣る。

● シューマイ成型機、ギョーザ成型機、春巻成型機

これらの成型機は、小麦粉で作った麺帯（皮）で具材を包む機能を備えた機械である。

シューマイは円筒形の穴に皮をのせ、ピストンで具材と皮を押し込んで成形し、下からの押し上げピストンでシューマイを取り出す方式である。

ギョーザは皮の上に具材をのせ、コンベアを移動しながら包み込んでいく。

春巻はドラム式皮焼機で焼いた皮に具材をのせ、包み込んでいくのであるが、三種の動作が必要で、初期のころは毎分十五本の生産能力しかなく、高額な機械の値段からするとかなり効率が悪かったといえる。そのため、本数のアップが課題であったが、高価な機械は競争拡大へのブレーキになった。現在の機械の生産量は、初期のものより三倍くらい上がり、毎分四十五本となっている。

●包餡機

和菓子、パン等の餡を小麦粉生地で包み球状に成形するものである。生地を傷めずに、球状で手作りに近い成形ができる。ハンバーグ等にも利用でき、具材を傷めず、少し圧延すれば手作りに近い製品ができる。

●おにぎり成型機

生地を傷めないということからみれば、やわらかいご飯で米粒を損傷しないで成形するおにぎりの成型機は優れものである。冷凍食品ではないが、コンビニのおにぎりの食感を思い出してもらえば、よくわかるであろう。

■フライヤー　～熱交換式連続フライヤー～

冷凍食品工場でどうしてフライヤーが必要なのかと思われるかもしれないが、それは電子レンジ利用の揚げ物製品用と理解していただきたい。例えば、揚げたてコロッケ製品を作るとき

図2.13　ドラム式成型機（山中食品機製作所HPより）

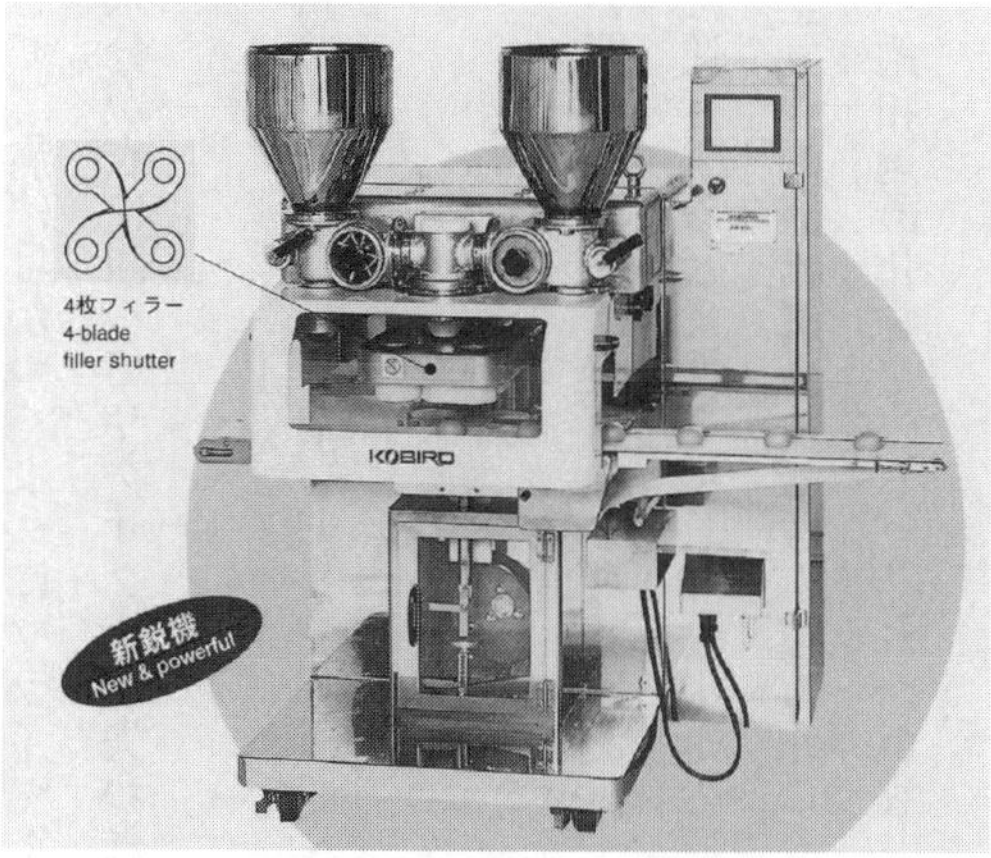

図2.14　包餡機（(株）コバードHPより）

には、予め蒸した具にパン粉をまぶして、焦げ目がつくようにフライヤーで揚げたところを冷凍するのである。その際には、具の水分が衣に回ってサクサク感が失われることのないように工夫されている。

フライ工程での課題は、揚げ油の酸化を抑え、製品の品質劣化を防ぐことが最も重要である。

（1）油の酸化

食用油で揚げるフライ商品は、長い間保存すると空気中の酸素、湿気、熱、光等により不快な臭いを発し、味が劣化する。さらに進行すると毒性を示し、食中毒の原因となる。これらの劣化現象を酸敗または変敗と呼ぶ。空気中の酸素による酸敗が最も起こりやすく、これは油脂中の不飽和脂肪酸が酸素を吸収して不飽和過酸化物を生じ、それが転移してハイドロパーオキサイドを生じることによる。

（2）油の酸化を促進する要因

フライ工程では温度の影響が大きい。油脂の酸化速度は、油の温度が一〇℃上昇すると反応速度は二倍になるといわれている。したがって、フライ工程での加熱条件の管理が重要になってくる。

加熱による油の変化は大きく、製造工程における加熱温度、時間（稼働時間）、新油・終油の品質チェック（過酸化物価、酸価の測定）等、管理の徹底が重要である。酸化による事故の中で、この原料油の品質劣化によるものが多かった。ともすれば廃油にするのがもったいないと、新油への交換を延ばすことが過去にはあった。

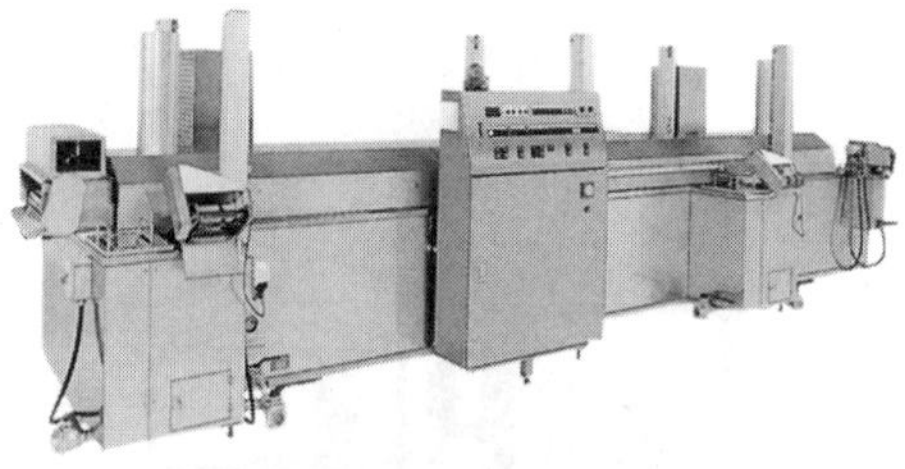

図2.15　ガス熱交換式フライヤー（アサヒ装設（株）カタログより）

焦げカスは、揚げカスが油層内に滞留し、時間が経過して焦げカスとなったものである。油層のなかに残留、浮遊するカスは、油を酸敗させる原因となる。また製品に付着し、虫ではないかと誤解され、クレームの原因ともなる。粒子が細かく除去しにくいので、除去のため濾過機を取り付け、作業終了後は油を貯蔵タンクに移し、油層の水洗い清掃を実施してアルカリ洗剤で洗浄する。

（3）熱交換式連続フライヤーの利点

従来のフライヤーは熱交換が直火式であった。しかしこれだと、油への伝熱面の温度は調理温度より大幅に上昇する。一八〇℃近辺では油温の上昇は油の劣化を速めるので、低く抑えるのが常識である。しかし、油温を低く抑えると揚げ色が薄く、油の吸収が多くなり、製品がべとつくことになる。冷凍食品のようにプレフライが要求される製品は、サクサク感を出すために高温で揚げることが要求され、伝熱面の温度は高くなり油の劣化を速めることとなる。

これに対し、熱交換方式は直火ではなくボイラーで油を加熱するので、伝熱面を油が流れる

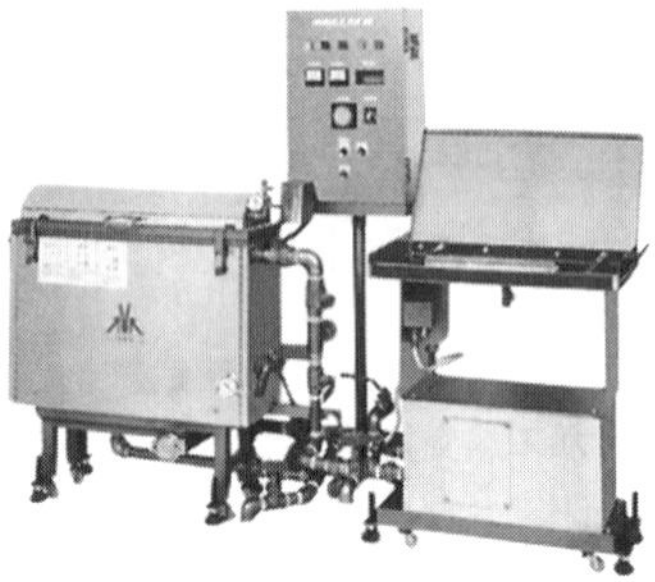

図2.16　連続濾過型濾過機（アサヒ装設（株）カタログより）

図2.17　油煙除去装置（アサヒ装設（株）カタログより）

ことによって伝熱面の油温を低く抑えることができ、油の劣化を遅らせることができる。油は密閉された配管で循環し、カスは循環系の一部として濾過装置が設けられており、そこで除去される。熱交換機は、フライヤー室の外部に設置が可能であり、作業場の環境（室温の上昇、油臭さ）が著しく改善された。

熱交換式連続フライヤーにより、油の確実な加熱温度管理が可能となり、熱交換率も八五％近くなった。フライヤー室は、天井、壁、床をすべてステンレス張りとすることで、油のミスト（霧）による施設の脆化を防ぐことにもなった。

そのほかに、遠赤外線を利用した遠赤外線フライヤー、電磁波を利用した電磁式フライヤーも使われている。

■凍結時間が三〜四時間から一時間に短縮　〜フリーザー〜

一九七〇年代はまだバッチ凍結が主流で、製品を入れた部屋の中へ、冷却された空気（マイナス三五℃）を強制送風して冷凍するエアーブラスト凍結方式と呼ばれるものであった。製品は凍結台車に入れ、人手で台車のまま凍結室に入れるのであるが、凍結台車には一六〇枚以上の凍結皿に入れた製品が差し込んであり、冷風の当たりが悪く、凍結には三〜四時間かかっ

図2.18　スパイラルフリーザー（高橋雅弘監修「冷凍食品の知識」幸書房、1982）

た。作業環境も過酷なものであり、鼻毛も凍るほどであった。

一九七一（昭和四十六）年頃、スウェーデン製の連続スパイラル凍結装置が導入された。凍結室内の円筒状のドラムにネットコンベアーが巻きつけてあり、駆動装置で下から上に上昇し、また下に戻ってくる構造で、製品を搬送しながら上部からドーナツ状に冷風を吹き付け、凍結させるという方式であった。

トレイに詰めたギョーザやハンバーグは、ネットコンベアーの隙間を四〇％空け、冷風が通るようにするという条件の下で、一時間以内で凍結し、改良されてより凍結速度が短くなり、現在では急速凍結（※）が可能になった。

また、製造ラインにおいては、成形から加熱工程を経て凍結工程、包装までの連続ライン化が可能となり、品質の安定性や能率の向上がもたらされ、当時としては画期的な装置であった。

さらにその後、トンネルフリーザー、スチールベルトフリーザーなどが製品の形態に合わせた連続凍結装置として開発された。しかし、これらは工場内での占有率が1/3～1/4程度と大きく、狭い工場では占有率の低いスパイラルフリーザーを採用することが多かった。

※急速凍結：製品の品温が、最大氷結晶生成温度帯（マイナス一～マイナス五℃）を三十分程度で通過する凍結方法のことを指している。

■包装機・計量機械の恩恵　～コンピュータースケールと縦型ピロー包装機のペアリング～

商品の計量・袋詰めに、コンピューターで管理された選択式重量定量計量機が導入されたことは画期的であった。製品の表示には内容物の重量や個数が示されていなければならないので、これが間違っていると「虚偽表示」ということにもなりかねず、多いぶんにはおとがめも軽いかもしれないが、少ないとお客様からのクレームとなる。そこで、人の手でやると勢い目方が重くなりがちである。

実際、から揚げ一kgを量るのに手作業での計量では平均重量一〇八〇gと、大幅な量り込み

図2.19　円形コンピュータースケール
（(株) イシダのカタログより）

の状態であったが、機械を利用すると平均一〇三〇gとなって大幅に正確さが改善し、同時に五％も歩留が向上した。一九八四（昭和五十九）年頃の話である。

コンピュータースケールは、その後に登場したピラフなどのバラ凍結品や冷凍野菜などの計量にも威力を発揮し、現在でも第一線で活躍している機械である。

■目を光らせる検査機器　～重量選別機、金属検出装置、X線異物検出装置～

製造工程にオンラインで組み込まれている検査機器は、重量選別機、金属検出装置、X線異物検出装置であり、重量・個数チェックや異物混入クレーム防止に必須な機器である。

●重量選別機（ウエイトチェッカー）

機器は取込部、計量部、振分部、操作部からなり、平ベルトの駆動方式が採用されている。

取込部は製品を一袋ずつ、または一個ずつ計量部に送るための調整機能を果たし、前工程のべルトスピードより若干早く、または計量部のスピードより1/2〜1/3に遅くすることによって一袋ずつ計量できる。計量部は重量センサーと一体構造のベルトコンベアーになっており、この上を製品が通過することによって重量を量り、設定重量に対し、正量、過量、軽量の信号を振分部に送り、正量以外を振り分け排除する。ベルトスピードにより振り分け方式が変わる。アーム式、コロコン式、エアージェット式、ダンパー式等がある。

製品個別の重量は成形工程等で管理されているが、包装時は凍結品のためホッパー等に付着して製品が取り残されると軽量の製品が発生し、次の包装袋は過量となる。また、トレイの製品が包装機に移送途中、落下するなどして個数不足が発生することがある。これらの不良品を選別するのが、その機能である。

個数不足についてはさらに画像処理機を導入して、映し出された画像によりチェックしている。

●金属検出装置

金属は危険異物であるので、徹底的に排除しなければならない。異物混入は原料から、工程の設備から、従業員の不注意からと、あらゆるところでその危険性が潜んでいる。したがって、金属検出器で異物が検出されたときはただちに原因物質を見つけ出すことが大切である。

そして、特定された金属異物の混入経路をただちに調査し、原因を特定し、対策を講じねばならない。局所的なものか、散発的なものかを見極め、ロットの出荷停止、さらに原因が判明するまで生産中止等の措置を決定しなければならない。

筆者が過去に経験した事例では、付属設備の溶接部分が老朽化のため脆くなって脱落し、異物（溶接片）が連続して検出されたことがあった。すぐに原因個所が特定され、対策と拡散の程度が確定でき、不良製品を出荷することなく工場内で止めることができた。異物に対する措置は作業終了後ではなく、検出時に即座に対応する仕組みが大切である。

この検出機の操作には、きめ細かな管理が必要である。安全を期すために検出機を二連に配置し、操作のミスや前段の機械の故障等に備えている。

アルミ蒸着フィルム包装品に対しては感度が非常に悪いので、包装前に検出機を通すことが必要である。しかし最近は、アルミパウチ対応の装置が開発され普及しつつある。また、塩分や水分が存在しても誤動作なく検出できる装置も開発されている。そのため味噌、漬物等の塩分が多く含まれる製品やチョコレート、ガム、レトルトパウチなどのアルミ包材製品等においても対応できるようになった。

X線異物検出装置も、近年多発している食品事故、事件の発生に対応するために急ピッチで普及している。初めて導入した際には、金属以外にも石、ガラス、骨、硬い樹脂片等を検出することができたので、驚きをもって対応したものである。

（参考：『冷凍食品製造ハンドブック』（光琳）、『（株）ニチレイ生産部金属検出機ハンドブック』）

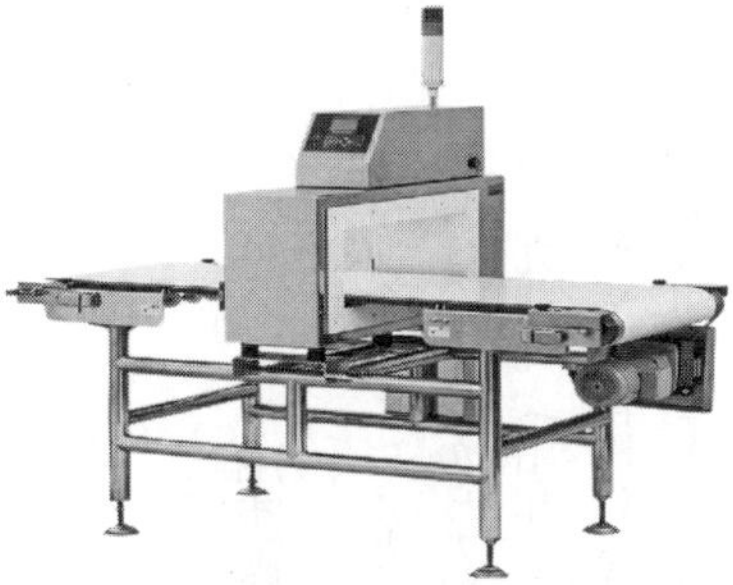

図2.20　金属検出装置（写真提供：日新電子工業（株））

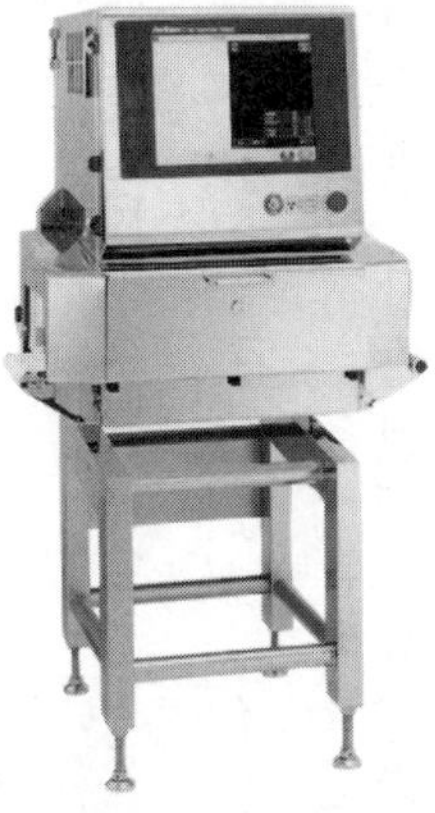

図2.21　X線異物検出装置（アンリツ産機システム（株））

＊冷凍食品を支えた周辺技術〜包装システム〜＊

冷凍食品といえども、包まずに提供することはできない。マイナス18℃の低温に耐える包装は、ゼロからの開発だった。

一九四九（昭和二十四）年、日本冷蔵（株）は研究部を作り、魚肉ハムソーセージの研究を始め、同時に冷凍食品の研究も始めた。そのときの技術者の話によると「冷凍食品の一番大事なことは中身の品質で、もう一つが中身を保護する包装資材である」ということだった。

その当時はまだ冷凍に適した包装資材は全くなかった。そのため、冷凍食品の品質を保持するために包装材料の研究は急務であった。当時の冷凍食品のうたい文句は「Fresher Than Fresh」であり、缶詰や乾燥食品、塩蔵食品と比べると生鮮品に近く、場合によっては生鮮品より新鮮、という認識であった。それだけに、冷凍状態を保護する包装資材は重要であった。

包装資材を扱う会社の「大日本セロハン」や「東京セロハン」、「大日本セルロイド」に、防湿・気密性・シール性の良い包材の研究を依頼したが、ことごとく失敗した。そこで一九五〇（昭和二十五）年に、アメリカからドベックマン社のヒートシーラーを十台輸入し、さらに一九五一（昭和二十六）年、アメリカのデュポン社から冷凍用のセロハンを輸入し、凍果ジュース向け包装としてようやく商品化された。

一九五七（昭和三十二）年は、日本の石油化学誕生の年といわれ、ポリエチレンが本格的に生産されるようになり、以後、包装資材の苦労はなくなった。（『(株)ニチレイ五十年史』『冷凍食品新聞社冷食事始』より）

■包装材料の知識

わが国の冷凍食品の包装材料は、主にプラスチック複合フィルム（ラミネートフィルム）とプラスチック容器が使われており、一部にアルミ箔容器、紙容器などが使われている。複合フィルムとは、性質の違うフィルムや紙、箔を貼り合わせて目的とする機能を持たせたものである。

◆プラスチック単体フィルム

・ポリエチレンフィルム（ＰＥ） polyethylene：石油ナフサ溜分を分解生成してエチレン単体を作り、重合してポリエチレン樹脂を製造する。低密度、中密度、高密度の三種類のポリエチレンフィルムがあり、それぞれ特性がある。

＊低密度ポリエチレンフィルム：透明でヒートシール性、防湿性に優れ、柔軟性、強度もあり、単体として食品の包装に使われている。このため複合フィルムのシール層（シーラント）に使われている。

＊中密度ポリエチレンフィルム：単体で冷凍野菜や冷凍魚の包装材料として使われている。ガスバリヤー性に劣るが、引っ張り強度、伸び、引き裂き強さに優れ、低温に強いので複合フィルムのシーラントとしてもよく使われている。

＊高密度ポリエチレンフィルム：半透明であるがマイナス五〇℃以下の低温にも耐えうる。硬い性質である。

・**ポリプロピレンフィルム（ＰＰ）** polypropylene：透明性がよく、セロハンの代わりに外装材として使われている。未延伸と延伸（※）フィルムがあり、未延伸フィルムはパンや菓子、加工食品の外装材として使われ、延伸フィルムは透明性、印刷適性に優れ、ラミネート基材（ラミネートフィルムの基本となる材料）として使われる。とくに冷凍食品の外装材には、ポリエチレンとの複合フィルムが使われている。ＰＰに印刷し、ＰＥを貼り付け、印刷性とシール性の優れた特性を生かしたフィルムに仕立てている。

・**塩化ビニルフィルム（PVC）** polyvinyl chloride：いわゆるストレッチフィルム（ラップフィルム）である。魚や肉、野菜の包装に使われている。

・**塩化ビニリデンフィルム（PVDC）** polyvinylidene chloride：熱収縮性とバリヤー性に優れ、単体フィルムとして魚肉ハムソーセージのフィルムとして使われている。この材質のラップは、冷蔵庫での食品貯蔵や電子レンジでの食品調理、保温などに使われている。

・**ナイロンフィルム（NY）** nylon：未延伸フィルムは引き裂き強さと伸びがあり、耐熱性、耐寒性、ガスバリヤー性に優れていることから、深絞り用の基材として使われる。延伸ナイロンフィルムは同時二軸延伸によって作られ、柔軟性があり、破裂に強く、ピンホール性とガスバリヤー性に優れており、また耐寒性も良いのでプラスチックフィルムとラミネートしてレトルト食品、冷凍食品に使われている。

・**ポリエステルフィルム（PET）** polyester：耐熱性二六〇℃と高く、耐湿性、保香性に優れ、寸法安定性があるのでラミネート基材として使われている。

・**ポリスチレンフィルム（PS）** polystyrene：耐水、耐酸性、耐アルカリ性に優れ、成型品の寸法安定性も良いので、主として容器に使われる。冷凍食品ではトレイに使われる。

◆複合フィルム（冷凍食品用）

・**OPP／PE**（ポリプロピレンにポリエチレンの貼り付け）：価格が安価で、よく使われる。低温における使用範囲はマイナス二〇℃であり、印刷特性も良好。

・**PET／PE**（ポリエステルにポリエチレンを貼り付け）：低温使用範囲はマイナス四〇℃、機械適性等に優れ、冷凍食品の外装によく使われる。

・**ON／PE**（延伸ナイロンにポリエチレンを貼り付け）：衝撃に強くピンホールが発生しにくい。

・**アルミ蒸着フィルム**：アルミニウムを高真空状態で加熱蒸発させ、その蒸気をフィルム表面に付着させたもの。水蒸気、ガスのバリヤー性が向上する。紫外線、可視光線、赤外線を遮断する。印刷・ラミネート適正がある。

以上のようなフィルムの性質を利用して、とくにプレフライ商品、ピラフなど、油脂の変質を嫌う商品の冷凍食品の外装（袋）に使用されている。

※延伸：フィルムはその製造過程で一定の方向に伸ばす加工をすると、その方向の引っ張りの力に対して非常に強いフィルムとなる。フィルムは溶かした樹脂を平らに押し出して冷やすことにより

成形される。押し出し成型された直後のフィルムは長い分子が絡み合い、たとえば毛糸をほどいて手で丸めたような状態になっている。これを縦方向に引っ張ると分子は真っすぐに伸び、縦方向に整列する。これが一軸延伸フィルムである。横方向にも引っ張ると、縦・横に引っ張り強度を持った二軸延伸フィルムとなる。包装分野で最も広範囲に使われているＯＰＰ（二軸延伸ポリプロピレン）は、こうした性質を利用したものである。ＯＰＰの「Ｏ」は oriented の略称。

■冷凍食品の包装形態（家庭用）

家庭用冷凍食品の包装形態には、以下のようなものがある。

・ピロータイプ（枕型）

ピロータイプには、横ピロータイプと縦ピロータイプの二種類がある。横ピロータイプは、製品をトレイに入れ、フィルムで連続的に包装していくタイプで、シューマイ、ギョーザ、お弁当用のコロッケ、ハンバーグ等が最も典型的な形態である。

縦ピロータイプは、主としてバラ詰め商品を包装する。近年ではコンピュータースケールと連動し、計量と袋詰めが連続的になっている。ピラフなどの米飯類、から揚げ、冷凍野菜の根菜、豆などのバラ凍結品が、その典型である。

・真空包装タイプ

真空にして空気による製品の酸化防止と、ボイルによる解凍調理のために採用された包装形態である。ウナギの蒲焼はさらにカートンに入れられ、袋の保護、紫外線の遮断、高級感を演出している。ハンバーグやミートボールの真空パックはソースを添加し、味の強化、ジューシー感を付与しているので、ボイル調理ができるよう真空パックを採用している。カートン包装はしないので、衝撃に強い材質の袋を使用している。

・含気包装タイプ

ガス充填し、内容物の破砕からの保護、酸化防止の目的で使用する。冷凍野菜の葉菜類、ポテトフライ、冷凍ケーキ等の包装形態である。使用されるガスには窒素や炭酸ガスが主に採用される。一般に、食品の色・香りと油脂の酸化防止には窒素ガス、細菌やカビの発育防止には炭酸ガスが使われる。

・アルミ箔容器タイプ

グラタンはオーブンにより解凍調理されるので、アルミ箔トレーを使用する。フィルムで包装され、カートンに入れられる。

冷凍という過酷な条件から食品の品質を保持し、「Fresher Than Fresh」のうたい文句を実現するうえで不可欠の包装資材で苦労した先人の思いは、ポリエチレンの生産により解決された。以後の包装技術の発展は、前記のとおりである。多くの特徴ある包装材料が開発され、新たなラミネート技術やアルミ蒸着技術等により、冷凍食品の品質保持と新商品の開発に貢献した。また、印刷技術も格段の発展を成し遂げ、セールスプロモーションに大きく貢献した。

■家庭における電気機器

冷凍食品が家庭に普及するには、冷蔵庫と電子レンジの普及は、欠くべからざる条件であった。

◆電気冷蔵庫――一九七一（昭和四十六）年に普及率九〇％超

一九六〇（昭和三十五）～一九六七（昭和四十二）年頃には「三種の神器」という言葉があった。庶民のあこがれであったテレビ・電気冷蔵庫・電気洗濯機がそれであった。冷蔵庫には製氷室が付いており、冷凍食品の保管場所を兼ねていた。現在のものに比べると庫内は狭く、温度もマイナス五℃前後ではなかっただろうか。

冷凍食品関係者は冷凍庫付きの大きい冷蔵庫、すなわち冷凍冷蔵庫が早く家庭に普及してほしいと望んでいたものであった。電気冷蔵庫の普及率は一九六五（昭和四十二）年に五一・

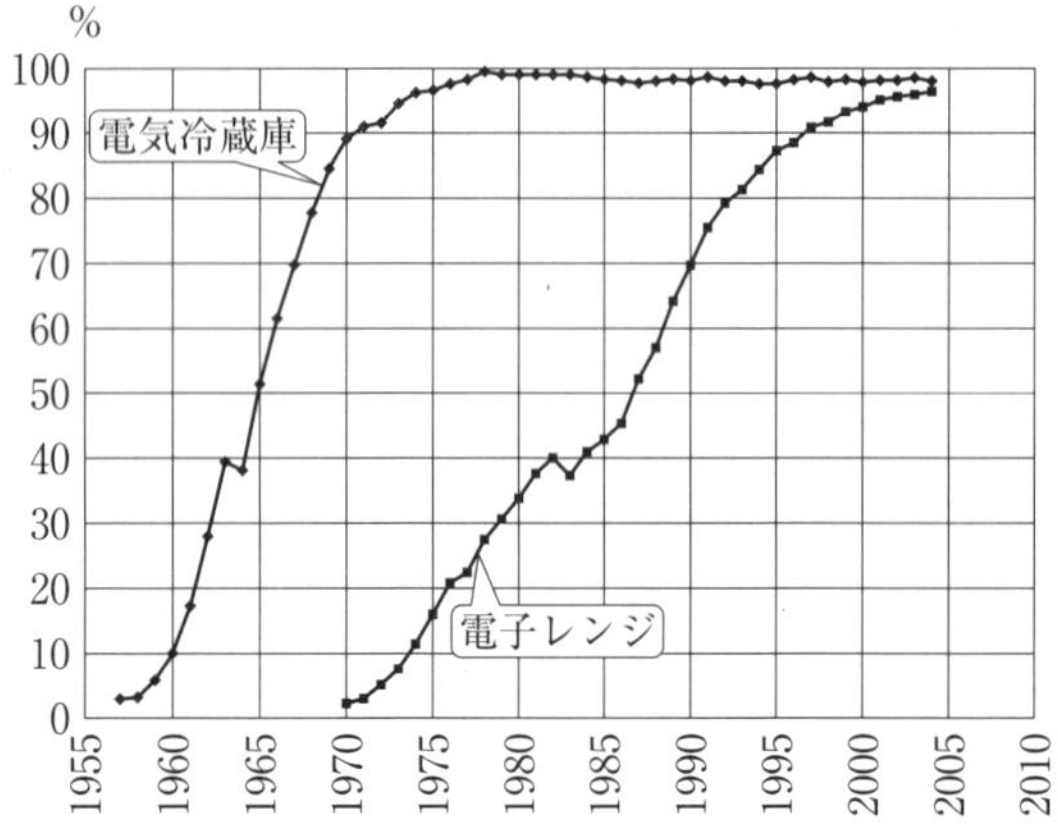

図2.22　冷蔵庫と電子レンジの普及

注：単身世帯以外の一般世帯が対象。1963年までは人口5万以上の都市世帯のみ。1957年は9月調査、58〜77年は2月調査、78年以降は3月調査。

資料：内閣府「消費動向調査」

二%となり、一九七一（昭和四十六）年には九一・二%、一九八二（昭和五十七）年九九・五%の最高普及率になった。冷凍冷蔵庫の普及は、冷凍食品の普及・拡大に多大な貢献をした。

◆電子レンジ—用途がわからぬまま普及

一九八七（昭和六十二）年にようやく五二・二%の普及率となったが、どのような用途で使ったらよいのかまだ暗中模索といった観があった。ご飯の温めなおしか、お酒のお燗程度の使い方くらいの利用しかなく、機能が使われずにいたといってもよい。

電子レンジの前に、オーブントースターが簡便で安価な加熱機器として登場した。それまでのトースターは縦型で、食パンしか焼けなかったが、オーブントースターは横型で食パン以外にも受け皿に載せられたので、お弁当用冷凍食品の解凍加熱に利用できた。

この加熱機器を利用してプレフライ商品が開発されるようになった。続いてレンジ商品が開発されてヒットし、電子レンジの普及は加速し、一九九七（平成九）年には九〇・八％に達した。今や冷凍食品の解凍加熱の調理機器として、またホームフリージング食品の調理にもその簡便性を発揮し、食卓をにぎわす脇役として定着している。オーブンレンジ、スチームオーブンレンジと多機能機器も販売され、容量も大きくなっている。冷凍食品の利用拡大に、電子レンジは大きく貢献している。

第三部　冷凍食品の進化と技術

一・食生活の中での冷凍食品の活用

■人類の生活と食生活の変化

今日、先進国の大都会のように発展途上国、新興国と呼ばれる世界各地の都市で近代化が急速に進んでいる。超高層ビルに代表される、清潔で安全なオフィスや商業施設だけでなく、住居が整備された快適な都市生活が実現している。経済発展の象徴として、ランドマークタワーのような超高層ビル群や高性能の家電製品などの工業製品がすぐ思い浮かぶが、日常の食生活もそれぞれの文化・伝統の中で、豊かで快適な食生活を実現している。食生活では「冷凍食品」、「チルド製品」が身近なものになっており、冷凍技術の進歩、普及は食品の生産・流通・販売などあらゆるところで革新的な貢献をはたしてきている。

人類の歴史は、太古の昔から飢えとの戦いであり、そのため多くの食品保存法が生まれている。例えば塩蔵品、缶詰、乾燥品（干物）などであり、冷凍された食品も元々は食品保存法と

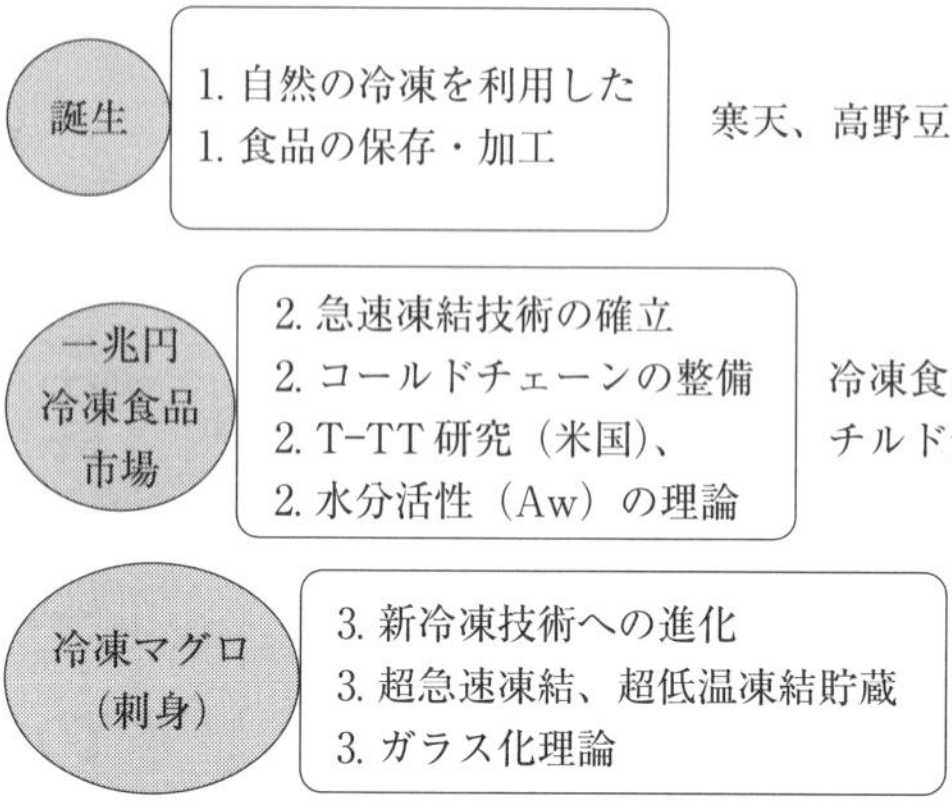

図3.1　食品冷凍技術の誕生と進化

しての役割があった。食品の保存は、人類の長い間の試行錯誤と経験、さまざまな研究に基づく科学的成果として発展してきたが、まず天然の自然現象を巧みに利用することから始まった。

人類の生存、活動にとって重要な食用となる生鮮食料品の魚介類や畜肉類、果実や野菜のような青果物などは、そのままでは腐敗や化学的・物理的な変質により貯蔵が難しいものがほとんどである。しかし、さまざまな工夫により、例えば缶詰などの加熱殺菌、天日干しのような脱水、乾燥による方法、塩、食酢、食品添加物など化学物質による細菌の抑制や酸化防止、冬の冷たい冷気や低温による凍結を利用した方法などが食品の保存に使われてきた（図3・1）。

■冷凍食品の移り変わり

近年、日本での冷凍食品市場は、第一部の冒頭でも示されたように、金額にして一兆円規模に成長している。これには冷凍食品の品質向上に向けた、官・学・産の連携による半世紀に及ぶ努力があった。

かつて「冷凍食品」といえば、「粗悪だ」「とれたての新鮮なものにはかなわない」という不評があり、食品業界や調理人だけでなく、消費者にまでその評判は行きわたっていた。原因は、初期の頃の冷凍機・冷凍装置の性能の限界や、戦中・戦後の混乱期に粗悪な食材を凍結させた製品が出回ったためと言われている。

この問題の解決のため、官・学・産によるいくつかの、長期にわたる様々な取り組みが行われた。なかでも一九四八（昭和二十三）年から一九五八（昭和三十三）年にかけてアメリカ農務省西部地区研究所で、冷凍食品の品質についての大規模な科学的基礎研究が実施された。その成果は「冷凍食品の時間―温度許容限度（Time-Temperature Tolerance of Frozen Foods）研究としてまとめられた。この研究はT-TT研究と称されるが、冷凍された農産物や水産、畜産物素材や調理加工食品の長期間の貯蔵温度と、それぞれの品質の関係から、実用的にはマイナス一八℃（アメリカでは〇°F）以下であれば一年間、それぞれの食品の品質（許容品質）が保持できることを実証した。つまり、今日の冷凍食品の品質基準の基礎を作ったのである。

わが国では一九六五（昭和四十）年に、科学技術庁（以下、科技庁）付属機関の資源調査会から科技庁長官に「食生活の体系的改善に資する食料流通体系の近代化に関する勧告」（以下、科技庁勧告）が提出された。それは、食料事情が所得水準の上昇に伴って、従来の穀物主体から乳・肉や新鮮野菜・果実など温度に左右されやすい食品が多く食卓に上るようになり、それらの商品流通のための低温保存や低温流通の必要性を唱えたものであった。

■コールドチェーンの確立

コールドチェーン（CC）という言葉が公に用いられたのは、一九五〇（昭和二十五）年にOECD（欧州経済協力機構）が米国に派遣した調査団の報告書とされている。わが国では、古くは一九四七（昭和二十二）年に『本邦食料施策の空白を衝く』（伊沢道雄）で低温流通の必要性が提言されている。一九六二（昭和三十七）年には「生鮮食料流通技術研究会」が発足し、一九六六（昭和四十一）年に『食品流通コールドチェーン』が発刊されている。

その後、官・学・産で食品工業対策懇談会の流通部会（一九六九・昭和四十四年）から「物的流通革新」が提言された。一九七〇（昭和四十五）年には、流通部会に冷凍食品小委員会が一九七一（昭和四十六）年に設けられ、『冷凍食品産業の課題』が農林省農林経済局企業流通部監修で発行された。こうした流れを受けて、全国にコールドチェーンが整備されていった。これらのことは、冷凍食品の流通のための大きなインフラが整備されたということであり、ちょうどこの頃から冷凍冷蔵庫の各家庭への普及が本格化し、社会的にも各家庭の状況から見ても、冷凍食品の受け入れ条件が急速に整っていったのである。

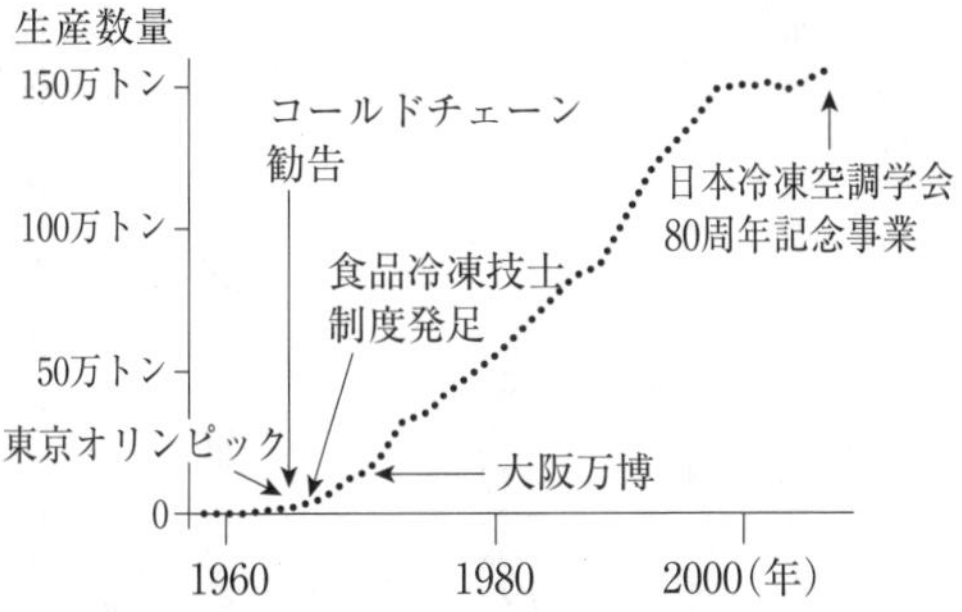

図3.2　1960（昭和35）からの日本の冷凍食品生産数量の推移と関連行事（日本冷凍食品協会統計より）

日本では、冷凍食品は細菌による食中毒などの食品危害を防ぐためにマイナス一五℃以下での貯蔵と食品衛生法で定められており、消費者の手に届くまでマイナス一五℃以下の冷凍した状態で加工・流通・販売が求められ、それにより消費者の満足が得られる高品質のおいしい冷凍食品が普及・拡大することになった。図3・2に、一九六〇（昭和三十五）年からの日本の冷凍食品生産数量の推移と、冷凍食品普及に関わりの深い行事を示す。

冷凍技術はいわゆる冷凍食品だけでなく、冷力を応用した、チルド（冷蔵）食品、飲料、フローズンチルド（製造・貯蔵は凍結の利点を生かし、販売時は解凍して提供する）食品など、広い範囲で消費者満足が得られるビッグ商品の開発を可能にしている。

二．食品冷凍の基礎となる原理

「氷」は、いまでは日常生活でそう珍しいものではなく、冷蔵庫の製氷室で水を凍らせれば氷ができる。「水が凍る」という現象は、水分子のH_2Oが規則正しく並んで個体の結晶構造をとるということであり、それを「氷」と呼んでいる。

しかし、野菜が凍る、魚が凍る、肉が凍るということは、コップの水が凍るのと同じことなのであろうか。ちょっと中学校の理科を思い出していただきたいのだが、真水は過冷却しなければ氷結点（〇℃）で凍るが、塩を少し入れると〇℃では凍らず、塩分濃度にもよるが、凍る温度は〇℃以下となる。つまり、何かが溶け込んでいると「凍る」という現象は、どんどん複雑になるのである。

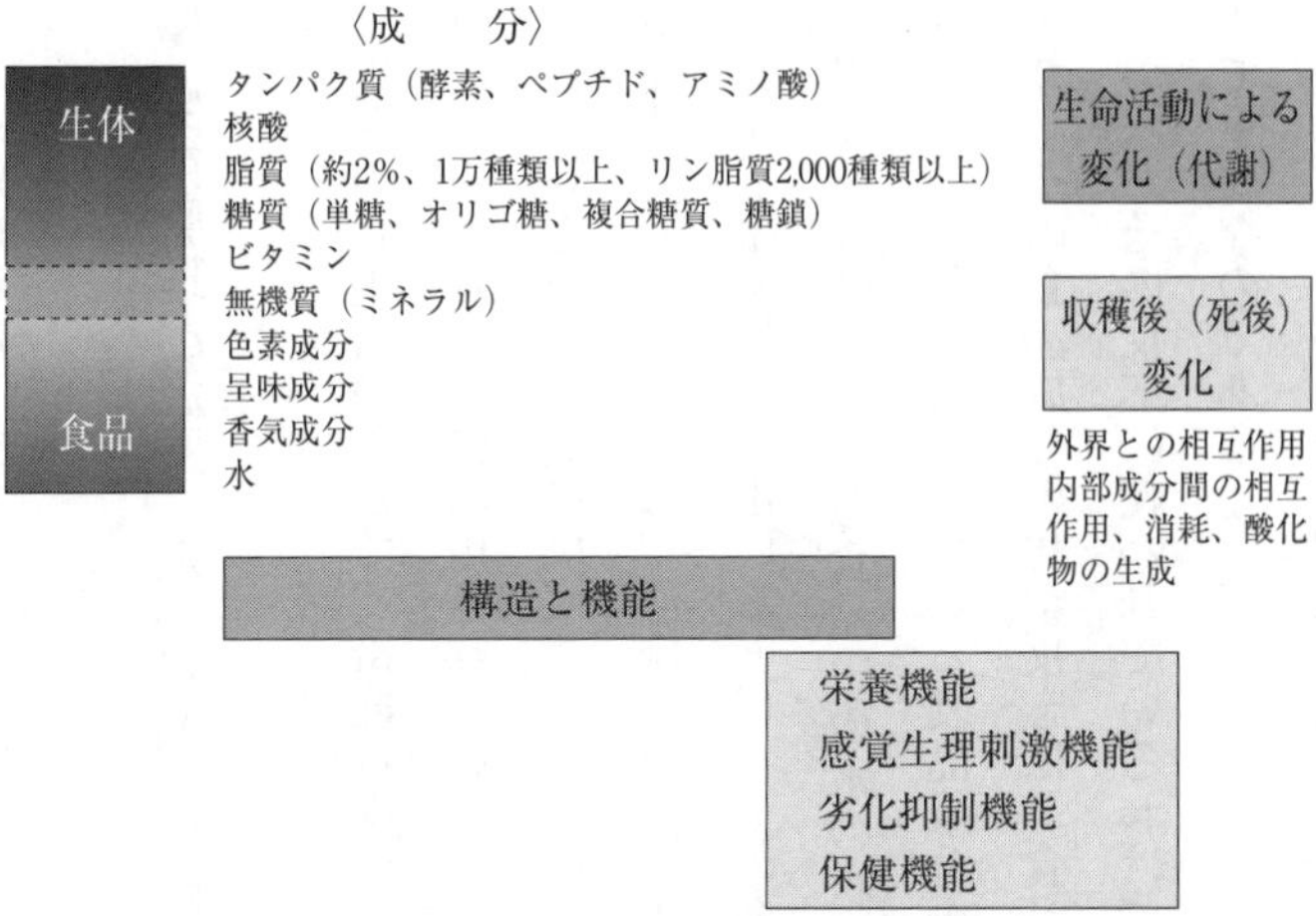

図3.3　食品成分の化学変化
（中谷延二他：「食品化学　序」1987）

食品は、タンパク質や糖質や脂質を含んだもので構成されていて、加工食品は味付けもされているので、さらに調味料などが加わっている。ここでは、このような複雑な食品が「凍る」という現象について、「低温度帯」での生体の様子も含めて、一体その現象がどのような仕組みになっているのか考えてみたい。

本節の中で「一般的に」、「理想状態では」というのは、モデル化された実験あるいは思考実験での基本的な通例を示している。複雑な外界との相互作用の中では、多成分複合系の多くの食品、生体、高分子化合物などでは、実際に現場で起きる一見複雑に見える問題も、基本原理に沿って解決策を見つけることが求められる。まずは、一般的な基本を理解することが必要なのである。

保存原理と温度、水の状態—生鮮食品の低温貯蔵

現在の食生活のなかで、冷凍技術が食品の流通、加工、調理・販売などの色々な場面で高品質を実現するために活用されている。その基本となるのは、冷凍が原理的には凍結前の新鮮な時と変わらない品質に戻すことを可能にしていることである。そのことを理解するための一般的な共通原理のカギは、温度、時間、水の状態、冷凍耐性である。

まず、冷凍技術を用いると、水気の多い生鮮食品の長期保存を可能にすることができる。その保存原理は、温度と食品中の水の状態が重要なカギになっている。食品の品質劣化の原因は、その食品を構成している食品成分の、好ましくない方向への化学反応の結果がほとんどであり、その食品成分の化学反応は、食品中に存在する水の中で起きる。食品中に含まれるすべての水がその反応に使われているわけではないのであるが、そのため、食品中の水の状態が極めて重要なのである。

食品中の水の状態と関係が深いものには、例えば食品中の水分含量、溶質濃度（水に溶けて

いる成分の濃度）、浸透圧（濃度の違う水溶液を膜で隔てると、濃度の低い方から高い方へ水だけが膜を通って移動する、という力）、平衡相対湿度（食品を一定の圧の水蒸気中に置いたとき、見かけ上水分の吸湿、放出を行わない状態の圧を、大気中と同じ温度の飽和水蒸気圧で割った値）、水分活性（Ａｗ：食品中の水分が示す蒸気圧〈Ｐｏ〉を、その温度における純水の蒸気圧〈Ｐ〉で割った値。食品中の自由に動ける水分（自由水）割合を示す。1に近づくほど、自由水が多い。つまり細菌・カビなどが活動しやすい）がそれである。この中で、水分活性は食品中の品質変化の原因となる化学反応や細菌の増殖に利用される水の性質と関係の深い指標として重要である。

食品として古くから利用されている生鮮食品である農産物、水産物、畜産物のほとんどが、生きている生物の可食部分であり、しかも高含水率であるという共通の特徴がある。生命活動を維持しているのは、複雑な体内成分の代謝によって生成されるエネルギーと代謝産物であるが、極限状態に生息する特殊な生物も含めて、生物の生存には環境温度と水の状態が深くかかわっている。

生体中の代謝はほとんどが水の中で起きる化学反応で、その反応は温度が一〇℃上がれば反応速度が二倍になるという化学反応速度に関する法則があるが、逆に低温になるほど代謝活動、つまり生命活動が抑制される。冬眠する熊や爬虫類を思い浮かべていただきたい。しかし、代謝活動がかろうじて可能な温度帯（生存可能温度）の限界を超えて下がりすぎると、生物細胞の低温障害、死滅などが起きる。

生鮮食料品の保存にとって最大の問題は、腐敗と品質劣化である。腐敗は細菌などの微生物の大量増殖に起因することがほとんどであり、一般的には、凍らない程度の低温でも増殖が抑制される。微生物の増殖は腐敗による品質劣化を引き起こすだけでなく、ヒトに危害を与える毒素を産生する食中毒菌のようなものもあり、食品衛生上重要な問題を引き起こすこともある。

ところで、微生物の活動で「腐敗」（人間にとって有害なもの）と「発酵」（人間にとって有益なもの）は、人間が作った区別立てである。「発酵」という微生物の利用では、酒、味噌、醤油などが作られてきた。

実際の冷凍食品の生産に当たっては、低温でも増殖可能な食中毒菌などについて、細心の注意と取り扱いが必要である。微生物の増殖温度より低温に食品を保持することによって微生物の増加を抑制することができるのは、微生物の生命活動を担っている酵素系の代謝が温度に強く依存しているからである。

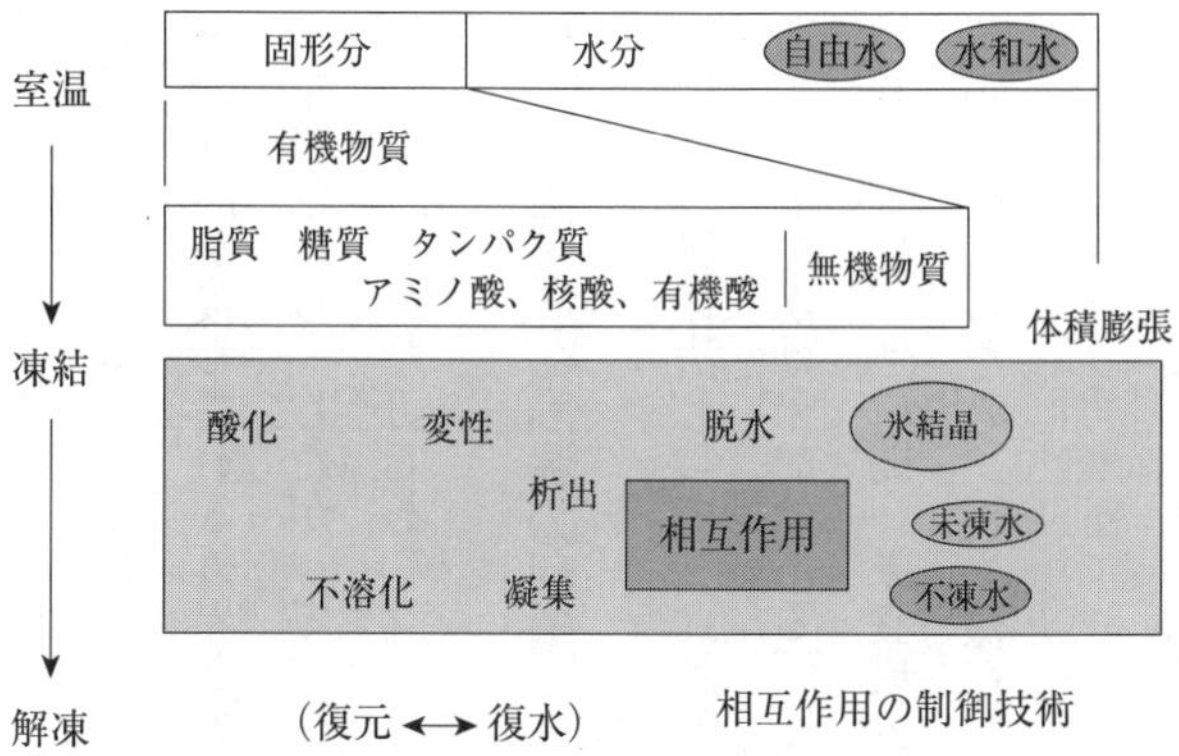

図3.4　食品の化学的組成と凍結

■低温での化学反応

食品の腐敗・変質は、食品そのものの成分の化学反応、主に分解、付加反応、重合などによっても起きる。化学反応の起きやすさについては、化学反応速度理論によって説明されている。

熱いお湯に砂糖を溶かすのと、冷たい水に砂糖を溶かすのでは、同じ量ならどちらが早く溶けるかは経験的に知っている。化学反応で、温度を上げると反応速度が速くなるのは反応分子の活性化が関係している。

■低温と物理的作用

食品冷凍における温度による物理量の変化としては、食品中の水の凍結によってできる氷結晶の形成と成長、それに伴う食品の変化があげられる。

食品の凍結までには至らない冷蔵での物理量の変化には、蒸発に伴う重量の減少、水分の状態変化に起因する硬さ、体積、型などの変化、香気成分の拡散などがあげられるが、実際上の品質にかかわるものとしては、食品の乾燥が最も大きな問題である。冷蔵中の乾燥は、食品とその食品が接している外界との関係であり、冷蔵庫では庫内の冷風の強さによって食品の乾燥が左右される。したがって、冷蔵庫内でも食品を直接冷気に触れさせないように、密封包装しておくことが大切である。

食品保存と低温の利用

食品の保存法として、食品の変質・腐敗の原因となる食品中の酵素類の不活化、微生物の殺菌には加熱が効果的である。しかし、加熱された食品からは、生鮮食品としての新鮮さ、味や香り、食感、熱に弱い栄養成分などが失われる。また、食中毒の原因となる、熱に強い耐熱性菌が存在するため、長く保存しようと思えば、缶詰のように高温（高圧）、長時間の加熱処理が必要になり、加熱前の食品の食感・味などとはまったく違った品質になってしまう。

それに比べて、加熱を必要としない低温での生鮮食品の保存は、消費者の求める高品質を提供できる優れた技術である。かつては低温での保存には多くの技術的な課題があったが、さまざまな工夫により解決されてきている。この問題でも温度と時間と微生物、およびそれぞれの食品固有の特質がカギになる。

◆０℃近辺の温度での生鮮食品の貯蔵

微生物の増殖が抑制される温度（一般的には一〇℃以下）での生鮮食品の保存は、短い期間での腐敗は防げるが、鮮度の良い状態での保存期間は短い。この問題を解決するのに、以下のような温度帯が定められている。

・冷　蔵（cooling, cold）：一〇～二℃
・氷温冷蔵（チルド）（chilling）：二～マイナス二℃
・冷　凍（凍結）（freezing）：マイナス一八℃以下
（科学技術庁資源調査研究会　一九六五年「コールドチェーン勧告」で示された用語）

冷凍技術は、食品だけでなく農学分野、冷凍機関連の工学分野、医療分野、環境などの宇宙・地球科学分野など応用範囲が広く、また技術用語の使われ方が統一されていないので、各分野で同じ用語でも温度帯の範囲が違うことがある。ちなみに「チルド」であるが、一九一二（大正元）年にフランス冷凍協会が、牛肉の低温流通の会議で、食品の品温を一～マイナス一℃と定めたことに基づき、国際的にチルド牛肉はこの温度帯を使っている。日本でも「コールドチェーン勧告」以外で、「五～マイナス五℃」までの温度帯を「チルド」としているところもある。「チルド」とは、食品中に氷結晶はできていない状態である。

家庭用冷蔵庫の冷蔵温度では食品の保存期間が短いので、生鮮食品についてはその食品が凍るぎりぎりの低温まで温度を下げて、生理的、化学的変化を遅くすることがいろいろと研究されている。

◆「スーパーチルド」

小川豊らは、漁獲直後のカツオをマイナス一〇～マイナス一五℃に冷却した濃厚食塩溶液（ブライン）中に約三十～四十分間浸漬し、低温活締め処理と初期冷却を同時に行い、その後にマイナス〇・五℃程度に保蔵する方法を「スーパーチルド」と称することを、一九九五（平成七）年頃に提案している（「漁業再編整備推進新技術開発事業報告書」）。魚体表面は凍結するが内部まで凍結していないので、氷蔵中にこの温度の不均衡が均一になり、魚全体として〇℃程度で貯蔵されることになる。鮮度、肉色など従来の氷蔵法と比べて良好なうえ、貯蔵日数は三日間ほど長持ちした。一般的に、魚を凍らせないようにして、凍結点ぎりぎりまで温度を下げて管理することは技術的に難しく、コストをかけても経済的につりあう食品はまだ少ないと言われている。

◆「氷温食品」

氷温技術は「氷温食品」として知られている。食品は、凍結点（凍り始める温度）〜マイナス六℃までの温度範囲で、氷結晶のない状態を保つ方法である。氷結晶の発生をなくすために、アルコールなどで氷点降下処理をする。このため、生鮮食品の貯蔵法とは少し意味合いが異なっている。

「氷温」は開発者の説明によれば、食品が凍り始める直前の温度のことである。氷温では青果物等は生命を維持できている可能性があり、氷温で鮮度が維持できる場合もあるようである。生命維持の状況によっては旨味、有用成分が増えることなども期待できるが、青果物にとっては低温障害が起こる場合もある微妙な温度帯であり、制御が難しいという問題点がある。

寒冷地の伝統食品に、寒仕込み、寒餅、寒ざらし粉、寒蕎麦などがあり、冬の冷気による低温で熟成や発酵をゆっくり進めるという保存法が伝承されていた。日本氷温食品協会が認定している氷温食品には、氷温うどん、氷温パン、氷温生酒、氷温一夜干し、氷温いずしなど、氷温効果による付加価値を向上させた加工食品が多く登録されており、地方名産品などとして実用化されている（山根昭美著『氷温貯蔵の科学—食味・品質向上の技術』、農山漁村文化協会、一九九六）。

◆その他の低温保存方法

そのほかに、「寒温貯蔵」、「適冷温」、「パーシャルフリージング」など開発者によって微妙に温度帯は異なるが、食品の保存に適した低温の温度帯を利用した保存法が提案されている。

■食品中の水の状態と凍結

前項の低温利用の食品保存の項でも少し触れているが、食品中に氷の結晶をいかに小さくするか（急速凍結では、食品中に均一で微小な氷結晶ができる）、低温、冷凍技術の最も重要な点である。水は凍結時に体積を増して大きな氷の塊になり、細胞膜を傷つけ、場合によっては破ってしまい、これがために、解凍時に細胞内の成分が流失し、鮮度が一気に落ちてしまうことになる。

一般的に、生鮮食品はそのほとんどが水である。図3・4に模式的に示したように、室温では一見して普通の水と区別がつかないが、温度を下げて凍結させると氷結晶に変化する大部分の水（自由水と呼ばれる）と、凍結しない不凍水、未凍水などと呼ばれる水の状態が存在する。

不凍水は食品中のタンパク質などと水和状態にあり、氷結晶が成長するとき結晶構造に取り込まれないと考えられている。室温でも、水和水はタンパク質と強い相互作用状態と考えられている。食品が凍結によって変性するのは、先にも述べたように、食品中の大部分を占める水が氷結晶に変化することによって、食品の細胞などの構造が機械的に破壊されることが大きな原因と考えられている。したがって、食品凍結では食品中にできる氷結晶が食品組織に復元不可能な損傷を与えないように、上手に食品を凍らせることが重要なのである。

三．冷凍食品の原料特性の基礎

冷凍技術の基本は、生鮮食品の保存法であり、低温にすることと凍結させることによって成分の化学的変化を抑制する、あるいは微生物の増殖を抑制することでほとんどの場合その目的を達してきた。初期の頃は保存期間を延長することに実用的な意味があったが、現在では、より優れた品質を実現するための技術開発が行われている。

消費者の手元に届いている食品は、収穫されるまでは畑や漁場で生きて活動していた生物であり、食品と呼ばれるようになっても生体の時と化学的成分は基本的に同じである。主要成分は、タンパク質、脂質、糖質などである。収穫前と後との大きな違いは、収穫前の生体ではその代謝が正常に維持されて、生体外からの補充などにより体内成分は一定に保たれている。しかし、収穫後は生命を維持していたときの環境から切り離されるため、代謝系は大きな影響を受ける。とくに植物は代謝系を維持しようとするため、それまで蓄えていた成分を分解、あるいは別の代謝系で代替しようとするため急激に成分変化が起こり、食品としての品質価値を低下させる。この代謝は生体中の酵素などの働きで行われているため、一般的には低温の利用により酵素の活動を抑えて、成分変化の速度を遅くしているのである。

■植物細胞と動物細胞では凍結が異なる

細胞の単位で凍結という現象を見ると、動物細胞と細胞壁のある植物細胞とでは大きく違っている。それは、細胞の中が凍結（細胞内凍結）してしまうのか、それとも外側が凍結（細胞外凍結）してしまうのかという違いである。動物細胞の場合は、食用に供される食肉では、細胞内凍結を起こして細胞自身は全く死んでしまう。これに反して、植物細胞の場合は、細胞外凍結が先に起こり、細胞内は細胞壁の損傷などを起こすが、脱水状況となり死滅には至らない場合がある。

これは、細胞の構造の違いや低温馴化《じゅん》などによるものであり、植物細胞の特徴である。極寒のシベリアの木々が凍っても生き返るようなものである。動物や昆虫でも別の原理で凍った状態に耐えて生き返る生き物がいる。

生体の凍結保存の場合、細胞内凍結と細胞外凍結はその生残率に大きな影響があり、細胞外凍結では細胞は生命を復元できるが、細胞内凍結を起こしたときには死滅することがほとんどである。生体の場合は、細胞が生命を維持して復元できるかどうかを「耐凍性」と呼んでいる。

食品を構成する組織に、凍結によってどのような氷結晶ができるかは、その氷結晶のできる過程で組織中の成分の機能にどのような物理的影響（損傷）を与えるかによる。そのことによって、組織中の成分にどのような化学的な変化が起きるかが食品の品質にとって重要な問題になる。これらの損傷の問題点が見えてくれば、それを制御して冷凍食品の品質を向上させることが可能になる。

■青果物（野菜・果実）の生理と貯蔵

青果物の品質は次の三つに分けられる。①栄養的品質、②嗜好的品質、③健康機能性品質、である。

青果物は一般的に、発育段階として種子→発芽→伸長、肥大、成熟を経て結実あるいは老化→生理的活動の停止（腐敗、分解）の経路をたどる。食品としては、発育期の野菜、完熟（穀類、豆類では登熟）、未熟、次世代の植物体になる種子などさまざまな状態で利用している。この中で、穀類、種実類、豆類などは、次世代のために貯蔵性がある。

青果物には、「呼吸」「光合成」「蒸散」の三つの生理があるが、収穫後は「光合成」は行われず、「呼吸」と「蒸散」が生理活動となる。そのエネルギー源は、「光合成」によって蓄えられた糖分であり、呼吸によって糖分が消費され、エネルギーと水と二酸化炭素に変わっていく。

発育の盛んな状態で収穫する野菜類では生理活動も盛んで、蒸散作用などによる水分の減少や、植物体内の栄養成分の消耗も激しい。そのため貯蔵に当たっては、低温を利用して生理活動を抑制することが行われている。

◆冷凍による野菜の貯蔵

冷凍技術による野菜の貯蔵の注意点としては、原料となる植物体の生理条件に合わせた環境制御が重要になる。収穫された農産物の生理活動で、品質に大きな影響を与えるのは、先にもふれたとおり「呼吸」である。この呼吸は、温度の上昇とともに盛んとなる。一般に、呼吸作用では糖と酸素が反応して、最終的には炭酸ガスと水になるが、この酸化反応によって得られるエネルギーは「熱」として放出される。このとき放出される呼吸熱量はかなり大きいため、収穫物を大量に保存する場合、貯蔵庫の温度が上昇し、呼吸活性をさらに高めて品質劣化を引き起こすことになる。

●収穫したらすぐに冷やす：予冷

青果物の低温貯蔵、低温流通に当たっては、こうした品質劣化を避けるために「予冷」が行われている。予冷とは、高温条件下で収穫された青果物の品温を速やかに下げ（三～五℃程度）、呼吸熱による品温の上昇を防止することである。そうすることで、青果物の生理活動を低下させ、品質の劣化を防ぐことができる。予冷は青果物のコールドチェーンの最初の段階としても重要である。

青果物の貯蔵では、冷蔵と組み合わせたＣＡ（Controlled Atmosphere）貯蔵、ＭＡ（Modified Atmosphere）貯蔵と呼ばれる、酸素や炭酸ガス濃度を制御して呼吸を調整する貯蔵法も実用化されている。

表3.1　各種野菜・豆類のビタミンCの損失 (O.Fennema, 1988)

品目	新鮮な時のビタミンC含量（mg/100g）[a]	−18℃で6−12カ月間凍結貯蔵した時のビタミンCの損失（%、平均値と範囲）	文献
アスパラガス	33	10（12–13）	*b*
緑マメ	19	45（30–68）	*c*
リマビーン	29	51（39–64）	*d*
ブロッコリー	113	49（35–68）	*e*
カリフラワー	78	50（40–60）	*f*
グリンピース	27	43（32–67）	*g*
ホウレンソウ	51	65（54–80）	*h*

a From USDA Handbook 456（Adams 1975）.
b Batchelder *et al.*（1947）, Gordon and Noble（1959）.
c Bedford and Hard（1950）, Dawson *et al.*（1949）, Fisher and Van Duyne（1952）, Gordon and Noble（1959）, Jurica（1970）, Retzer *et al.*（1945）.
d Guerrant and O'Hara（1953）, Guerrant *et al.*（1953）.
e Batchelder *et al.*（1947）, Fisher and Van Duyne（1952）, Gordon and Noble（1959）.
f Gordon and Noble（1959）, Retzer *et al.*（1945）.
g Batchelder *et al.*（1947）, Bedford and Hard（1950）, Guerrant and O'Hara（1953）.

●野菜類のブランチング（熱処理）

野菜類の長期保存のためには冷凍が用いられるが、冷凍する前にブランチング（blanching）と呼ばれる加熱操作が行われる。ブランチングは、呼吸に関係する酵素のペルオキシダーゼ、カタラーゼ（酸化酵素）の働きを止めることを目的としている。ブランチングでの加熱のしすぎは、次の工程の凍結によって品質低下を招くので、必要最小限にとどめるようにする。

◆凍結中および凍結貯蔵中の栄養成分の損失

一般に、冷凍貯蔵中の野菜のビタミン類は安定しており変化は少ないが、ビタミンCは冷凍貯蔵中に損失することが知られている。野菜類の冷凍貯蔵中のビタミンCの損失についての研究は多く、表3・1に示すように、マイナス一八℃で半年から一年貯蔵すると、アスパラガスで約一〇%、ブロッコリーで約五〇%、ホウレンソウで約六五%減少する。

T-TT研究では、凍結貯蔵中の品質変化が、グリーンピースのビタミンCと温度との関係により調べられている。

■水産物（生鮮魚介類、乾燥（干物）製品）

水産物の冷凍原料は、漁場や漁港で一度に大量に水揚げされる魚介類が主なものであるが、魚介類の筋肉は水揚げ直後の硬直前状態から、硬直、解硬へと変化し、鮮度の低下が進む。この鮮度の低下を防ぐためには冷蔵、冷凍が有効で、砕氷による冷却やブライン凍結法（食塩、塩化カリウムなどの濃厚溶液〈ブラインという〉を冷却し、食品を浸漬して凍結する方法）などが工夫されている。日本食の刺身や寿司などに利用する魚介類はとくに鮮度が重要なため、水産物の冷凍技術は日本の水産研究者により著しく進歩した。

凍結マグロが生産され始めた昭和三十年代では、凍結温度はマイナス二〇℃程度で凍結時間も長く、筋肉色素であるミオグロビンが褐色のメトミオグロビン変わってしまい、新鮮な時の鮮紅色が失われ、刺身としての商品価値が著しく下がってしまっていた。その対策として、船上での急速冷凍・超低温システムが発達した。

遠洋で獲れたマグロなどは、漁獲後すぐにえらと内臓を取り除き、船上でマイナス六〇℃で急速に（マグロの大きさにもよるが、芯まで凍るのに三十時間程度かかる）凍結され市場まで運ばれてくる。マグロ肉特有の鮮やかな赤みと歯触りのある食感が比較的低価格でスーパーマーケットに並ぶのは、この冷凍技術のおかげである。

また、高鮮度で凍結された冷凍マグロは、筋肉中のエネルギー物質であるアデノシン三リン酸（ＡＴＰ）が生きていたときの状態に近いままで凍結されている。ＡＴＰには筋肉タンパク質の変性防止効果もあるといわれているが、高鮮度の冷凍マグロを急速に解凍するとＡＴＰが急激に分解し、筋肉が「ちぢれ」てゴムのような食感となり、商品価値がなくなってしまうことがある。このため、一般には、生きたまま漁獲されたマグロ（ＡＴＰが多く残っている）は緩慢解凍、死んで漁獲されたもの（ＡＴＰがあまり残っていない）は急速解凍が推奨されている。

このように、水産魚介類は繊細なものであり、魚種や獲れた条件に合わせて凍結・解凍が必要がある。

魚肉は一般的に食肉より肉質がやわらかく、死後硬直中でも食べられる。コリコリした刺身特有の歯触りは獲れたての絞めた直後がよいが、ＡＴＰ分解産物で旨味成分であるイノシン酸（ＩＭＰ）は時間の経過とともに筋肉中で増えてくるので、旨味を重視した食べごろは魚種によっても異なるが、一～二日後であることが多い。

魚介類の脂質には高度不飽和脂肪酸が多く含まれているため、空気中の酸素によって自動酸化を起こして、ヒドロペルオキシドなどの過酸化物を生成する。酸化が進むと過酸化物は重合して高分子化する。生成物の二次分解産物として、低級脂肪酸やアルデヒド、ケトンなどのカルボニル化合物が生成される。これらの二次分解産物は酸味、渋味、不快な刺激臭をもつため「脂質の酸敗」と呼んでおり、とくに高油含量の干物などで起きやすい。

酸化によって生成した各種のカルボニル化合物と窒素化合物が反応して、黄色からオレンジ色の着色が見られることがあり、これは「油焼け」、「凍結焼け」などと呼ばれている。

■畜産物（食肉、卵、ミルク、チーズ）

食肉は陸上動物の筋肉であり、強固な組織を構成している。そのため、一般的にはと畜直後では硬くて食用には不適であり、熟成という過程を経てから食肉に加工する。熟成により筋肉は軟化し、旨味成分のイノシン酸が増加する。食肉は長期保存の冷凍方法だけでなく、最近はチルド流通が増えてきている。

■調理加工品（調理冷凍食品）

調理冷凍食品の原料は、これまで解説してきた農産物、水産魚介類、食肉などであるが、加熱調理食品の冷凍ではタンパク質などは加熱により変性しており、冷凍処理による劣化はあまり問題とならない（水分含量の多い豆腐や卵は除く）。しかし、加熱糊化したでん粉の老化が問題となる。つまり、長く冷凍するとでん粉が老化し、食品からの離水が起こり、食味の低下が起きる。これは食感を悪くする原因となる。

現在は、こうした食品の特性に合わせた加工でん粉が開発され、冷凍中のでん粉の劣化が起こりにくくなっている。ギョーザ、シューマイの皮や冷凍米飯、冷凍麺などを思い浮かべていただくと、その成果がわかってもらえるのではないだろうか。

四．新しい冷凍技術がもたらす今後の食生活の展望

近年の産業技術は、技術展望の予測を超える速度で進んでおり、日本の産業経済に大きな影響を与えている。冷凍食品も、その周辺技術の画期的進歩を受け、「冷凍庫で食品をただ単に凍らせただけ」ではとても実現できない、高品質でおいしい食品に変貌してきている。

■冷凍技術進展のための氷特性の理解

これらの近年の技術革新の中で、冷凍技術はどのように変貌を遂げようとしているのであろうか？　冷凍食品に関連する冷凍技術の進展は、次のような観点から整理できる。

冷凍食品では、必然的に食品中の水が氷結晶に変化するが、この氷の性状が食品の品質に深く関わっている。そのため、水の低温での特性の科学的な理解が今後とも必要である。

水から氷に代わる大きなスケール（巨視的変化）では、①ドリップなどによって失われる重

量減少、②食品表面の乾燥、③冷凍焼けなどと呼ばれる食品表面の変色、④包装フィルム内での霜付き等があげられる。

水が氷に変わる巨視的変化では肉眼で観察される現象も多いが、水が氷に相転移するときに発生する潜熱を、熱力学的に測定する示差走査熱量計（ＤＳＣ）等の解析方法がある。また最近では、三次元画像解析法により、実際の食品を凍らせたときの巨視的なスケールでの氷結晶の形状を観察できるようになってきている。

氷結晶形成による食品の微細構造の変化には、細胞レベルでは細胞歪、細胞膜の剥離等の損傷、細胞破裂等がある。さらに分子レベルでは、タンパク質の周りの水の移動による立体構造の変化、それによる変性、凝集等がある。氷結晶生成に伴い、溶液が濃縮されることによる成分間の相互作用、pHの変化による複雑な化学反応が起きる可能性がある（凍結促進反応と呼ばれている）。また、細胞・組織レベルで起きている変位が小さくても、ときには表面にまで達するクラック（裂け目）を生じることもあり、大きな魚体の船上凍結等では身割が生じることもある。

■冷凍機の性能の飛躍的進歩と新しい冷凍貯蔵法

冷凍食品は、凍結の状態により品質、とくに食感が凍結障害と呼ばれる大きな影響を受け、組織構造の変形や破壊により、解凍したときのおいしさに違いが生じる。このため食品の凍結プロセスを理論的に解明する試みが古くからあり、とくに凍結時間と凍結に必要なエネルギーの予測として、冷凍食品の品質設計や、それを作りだす冷凍機の設計に当たっては実用的な重要性がある。凍結プロセスの予測モデルとしては、Plank モデル、Neumann モデル、Weiner モデル等多くの研究が報告されている。

◆浸漬凍結

食品を急速凍結するため、冷凍機では様々な工夫や装置が実用化されており、食品を直接冷媒の中に浸漬することによる液体窒素（マイナス一九六℃）あるいは液化炭酸（マイナス八〇℃）を用いて冷凍する cryofreezing と呼ばれる超急速凍結が実現している。

◆圧力移動凍結法

常圧下で水を冷却すると氷になるが、このときの氷は、水よりも密度が低い氷（密度：〇・九二g／㎤）に相転移して凍結し、氷Ⅰと呼ばれる。この氷Ⅰを加圧すると、密度の高い水に相転移して溶解する。例えば、マイナス一〇℃の氷Ⅰ（密度：〇・九二g／㎤）は約一〇〇MPaの圧力で融解して水になり、さらに加圧すると約四〇〇MPaで再度凍結し、氷Ⅴ（密度：一・二三g／㎤）に相転移する。〇℃以下で加圧する際に相転移させる操作を、圧力誘導凍結あるいは圧力移動凍結と呼び、その逆の操作を圧力誘導解凍と呼ぶ。この圧力移動凍結・解凍操作では、減圧・加圧操作で均一かつ瞬間的に相転移が誘導できるので、急速凍結・解凍が可能になる。圧力移動凍結・解凍では約二一〇MPaの圧力で凍結点をマイナス二一℃まで下げておき、この新しい凍結点まで食品を冷却し、そこで除圧することにより一気に均一な氷結晶を形成させる。この方法により、テクスチャーの向上が可能となる。圧力移動解凍では融解温度を下げられるが、注意点として、圧力そのもので食品が変質する場合もある。

◆脱水凍結

野菜、果物などで減圧処理、浸透圧処理等により脱水操作を行い凍結する方法で、氷結晶量を少なくする凍結法が開発されている。

◆噴流式冷凍装置

食品工場では、冷凍機の冷風をファンで食品に吹き付けるエアーブラスト方式と呼ばれる凍結方式が一般的に採用されている。この方式では、冷凍機の高性能と冷風を吹き付けるファンによる風速が速いほど食品表面熱伝達が高まり、急速に食品は凍るが、従来はファンによる風速は五〜六ｍ／秒が限界とされていた。この冷風の速度を五〇ｍ／秒程度まで上げられれば、ブライン浸漬凍結並みの凍結速度が得られる。最近、スリットやスリットノズルの工夫により間欠的に垂直流を食品表面に吹き付け、食品表面に乱気流を発生させて表面熱伝達係数を大きくし、二〇〜三〇ｍ／秒を実現した冷凍装置が実用化されている。

■ガラス化による凍結

前項でみたように、食品の冷凍方式は、食品を急速に凍結させるための努力がなされてきた。

水溶液や生体試料等では非常に急速に冷却すると非晶質のガラス状態、いわば氷結晶のない状態にすることが可能である。食品を構成する糖類、タンパク質等の成分もガラス転移点（ガラス化する温度）以下に急速に冷却するとガラス化することが報告されている。

食品のガラス化についての研究報告も多い。現在では、食品をガラス転移点以下の温度で冷凍保存すると、凍結中の水の動きが制約され、長期間の品質保持が可能であるとの根拠になっている。

■耐凍物質を利用した凍結技術

◆不凍タンパク質

南極の魚の不凍タンパク質について一九六九（昭和四十四）年に最初の報告があり、その後多くの生物で不凍タンパク質、不凍糖タンパク質が見つかっている。この不凍タンパク質の分子構造は多様であるが、必ず氷結晶面に結合できる部分構造を有しているという特徴がある。低温下で体液の凍結を避ける仕組みとして、氷の結晶の成長抑制、氷再結晶化抑制を担っている。不凍タンパク質は低温下で氷晶核が発生し、凍結直前の無数の氷核に強く結合することができ、氷結晶の成長を抑制することが知られている。

津田栄らは、日本近海の魚筋肉から不凍タンパク質の大量精製を試み、実用的な規模で生産が可能になったと報告している。この不凍タンパク質により、寒天ゲルの凍結によるゲル構造破壊を防ぐことができ、凍結解凍後も、凍結前の均一な滑らかなゲル構造が維持できている。このタンパク質溶液は、〇℃近辺（凍結していない状態）で細胞の保存率を飛躍的に向上させる機能も見つかっている。

■今後の展望

おいしく、高品質の冷凍食品は、これからも消費者のニーズに応えて研究開発が進められていく。その方向性としては、これまでも述べてきたように、新しい高性能の冷凍装置と冷凍システムによる新しい冷凍品質の創出がある。急速凍結・超低温貯蔵による刺身マグロなどは、この良い一例である。

食品素材のガラス化による冷凍保存の研究も、超高圧技術の進歩により身近な技術になる日も近いと思われる。この一例としては、ガラス化した試料切片を透過型電子顕微鏡で観察し、試料に水が含まれた水和状態で氷結晶による損傷のない試料を立体的に観察し、細胞間の相互作用なども解析できる、夢のような技術も報告されている。

もう一つの方向性は、冷凍される食品そのものに冷凍に耐えるようなさまざまな工夫を凝らして、「食の耐凍性」と称される、冷凍食品の品質を向上させる方法がある。この技術として、トレハロースの不凍タンパク質の利用等がある。さらには、凍結状態で起きている化学反応の高感度観測法が実用化されることにより、生体や食品中の化学反応過程を凍結固定し、遷移状態（反応中間体）を検出・計測するようなことも可能になるかもしれない。

食品の冷凍技術は、これからも楽しみな新製品を生み出していくことが期待されている。

第四部　食生活の知識としての冷凍食品

一．冷凍食品とはどのようなものをいうのか

■「冷凍食品自主取扱基準」（※）からみた冷凍食品

冷凍してある食品であれば、みな「冷凍食品」か、と言えばそういうわけではない。業界では、粗悪品の追放という意味を込めて、「冷凍食品」の定義を定めている。

その定義は、一九七一（昭和四十六）年六月、冷凍食品関連産業協力委員会によって制定された「冷凍食品自主的取扱基準」に明らかにされている。それによれば、**「前処理を施し、品温がマイナス一八℃以下になるように急速凍結し、通常そのまま消費者（大口需要者を含む）に販売されることを目的として包装されるもの」**ということになっている。

ここでいう「前処理」とは、素材品（農林水産物）であれば、洗浄し、非可食部を除去すること、調理品においては農林水産物に選別、洗浄、不可食部の除去および調理、整形、加熱さ

れていることをいう。

「品温がマイナス一八℃」というのは、冷凍食品の品質を、製造時から一年にわたって保持するための温度について、アメリカの「T-TT研究」（※）の結論に基づいて決められたもので、アメリカはもちろんのこと、世界各国がそれに倣っている。

「急速凍結」は、食品を急速に凍結することで、食品中の氷の結晶が大きく成長する前に凍結し、食品の細胞を壊すことなく、つまり美味しさや栄養素を保ちつつ食品本来の品質を維持することができる方法として、定義の中に採用しているものである。

「通常そのまま消費者に販売」というのは、消費者や大口需要者にマイナス一八℃のまま販売することを指しているのであり、それを保証するコールドチェーン（工場出荷の段階から流通小売末端まで）の設備の構築が必要であることを意味している。つまり、これが確保できない企業は参入できないことになる。

「包装」は、食品の汚染、乾燥、脂肪分の酸化防止、衝撃からの保護のために必要である。また、包装されていることにより表示が可能となる。表示によって、製品に対する責任の所在が明確になるとともに、消費者に調理方法等各種の情報も提供できる。

以上の要件を備えているものが、「冷凍食品」として定義されるのである。

※「冷凍食品自主的取扱基準」制定の背景：冷凍食品の先進国であるアメリカの失敗に学び、当時の農林省と、一九六九（昭和四十四）年に発足した日本冷凍食品協会は、一九七〇（昭和四十五）年二月に「冷凍食品の検査に関する諸規定」を完成させた。これによって、わが国初の民間による「冷凍食品自主検査制度」が発足し、メーカー段階での品質管理に目途がついた。次に、製造から販売までの各段階における取扱基準を定めることになり、冷凍食品の流通に関係する各省（農林水産省、通商産業省、運輸省、厚生労働省）の指導の下に、流通各段階の代表者、学識経験者、主要消費者団体、生活協同組合代表者の参画を得て、冷凍食品産業協力委員会が組織され、ほぼ一年にわたり審議し、「自主的取扱基準」が制定された。この取扱基準は、適用範囲や製造工場の取扱基準、製造段階および卸段階の冷蔵に関する基準、輸送および配送段階、小売段階の基準を細かく定めたほか、冷凍食品の品温測定まで定めている。自主検査制度とコールドチェーン各段階での取扱基準は、冷凍食品業界、関連業界の正しい発展のバックボーンとなった。

※T-T-T（Time-Temperature Tolerance）研究：アメリカにおいて、第二次世界大戦が終わった後に冷凍食品メーカーが乱立・急増し、粗悪な冷凍食品が製造出荷され、適切な温度管理が行われないまま流通したために、ユーザーの信頼を失った。そのため消費者の購買意欲は極端に減退し、業界は在庫の山を抱え込んだ。その対策として業界関係者は農務省と力を合わせ、一九四八～一九五八年の十年あまりにわたり貯蔵実験（T-T-T研究）を行った。その成果を活用して、流通各段階を通じて一貫してマイナス一八℃以下を維持するZ運動（ゼロ運動、マイナス一八℃は華氏〇℃）を展開した。そのような品質管理を徹底する努力を行って、ようやく冷凍食品業界は信用と活力を取り戻し、その後、急成長を遂げたのである。この事実ひとつとっても、良い品質を維持することがいかに大切であるかがわかる。

■調理冷凍食品の定義

日本農林規格（昭和五十三年八月二十五日農林水産省告示第１５５号：最終改正〈二〇一〇年十月現在〉平成二十年八月二十九日農林水産省告示第１３６７号）によれば、「農林畜水産物に選別、洗浄、不可食部分の除去、整形等の前処理及び調味、成形、加熱等の調理を行ったものを凍結し、包装し及び凍結したまま保持したものであって、簡便な調理をし、又はしないで食用に供されるものをいう」となっている。

この大きな定義のもとに、二十品目の調理冷凍食品の規格が定められている。例えば、冷凍フライから冷凍麺まで、その性状、衣の率、原材料（食品添加物以外の原材料、食品添加物）、品温、異物、内容量、容器または包装の状態について、それぞれに基準がきまっている。

二〇〇八（平成二十）年でみると、調理冷凍食品は国内生産量の八四％を占める主要商品となっており、フライ類（海老フライ、コロッケ等）とフライ類以外の調理食品に分類され、フライ類以外が五九％を構成する。

参考として「日本農林規格」に示されている冷凍魚フライの規格を一部、次に紹介しておく。

日本農林規格

用語	定義
調理冷凍食品	農林畜水産物に、選別、洗浄、不可食部分の除去、整形等の前処理及び調味、成形、加熱等の調理を行ったものを凍結し、包装し及び凍結したまま保持したものであって、簡便な調理をし、又はしないで食用に供されるものをいう。
冷凍フライ類	次に掲げるものをいう。 1　調理冷凍食品のうち、農林畜水産物をフライ種とし、これに衣をつけたもの 2　1を食用油脂で揚げたもの
冷凍魚フライ	冷凍フライ類のうち、魚（細切し、又はすりつぶしたものを除く。）をフライ種としたものをいう。
冷凍えびフライ	冷凍フライ類のうち、頭胸部及び甲殻を除去したえび又はこれから尾扇を除去したもの（細切し、又はすりつぶしたものを除く。）をフライ種としたものをいう。
冷凍いかフライ	冷凍フライ類のうち、いか（細切し、又はすりつぶしたものを除く。）をフライ種としたものをいう。

（以下、省略）

第3条　冷凍魚フライの規格は、次のとおりとする。

区　分		基　準
性　状		1　表面の乾燥、酸化等による外観の変化がなく、形がそろっており、かつ、衣のくずれがないこと。 2　色沢及び肉質が良好であり、異臭がなく、かつ、きょう雑物がほとんどないこと。 3　使用方法に従って調理した場合に、香味が良好であり、かつ、衣の離れ又はくずれがないこと。
衣の率		50％以下であること。ただし、食用油脂で揚げたものにあっては、60％以下であること。
原料材	食品添加物以外の原材料	フライ種にあっては、次に掲げるもの以外のものを使用していないこと。 1　魚 2　食塩 3　香辛料
	食品添加物	次に掲げるもの以外のものを使用していないこと。 1　乳化剤 植物レシチン、グリセリン脂肪酸エステル、ショ糖脂肪酸エステル及びプロピレングリコール脂肪酸エステル 2　品質改良剤 トランスグルタミナーゼ、ポリリン酸ナトリウム及びメタリン酸ナトリウム

3　pH調整剤
酢酸ナトリウム
4　調味料
5　膨張剤
L-酒石酸水素カリウム、炭酸カルシウム、炭酸水素ナトリウム、ピロリン酸二水素二ナトリウム、フマル酸、硫酸アルミニウムカリウム、リン酸一水素カルシウム及びリン酸二水素カルシウム
6　殺菌料
次亜塩素酸ナトリウム
7　糊料
キサンタンガム、グァーガム及びタマリンドガム
8　着色料
アナトー色素、トウガラシ色素及びフラボノイド
9　香辛料抽出物
10　強化剤
健康増進法施行規則（平成15年厚生労働省令第86号）第16条に規定する栄養成分の強化を目的として使用するもの
11　加工でん粉

	アセチル化アジピン酸架橋デンプン、アセチル化リン酸架橋デンプン、アセチル化酸化デンプン、オクテニルコハク酸デンプンナトリウム、酢酸デンプン、酸化デンプン、ヒドロキシプロピルデンプン、ヒドロキシプロピル化リン酸架橋デンプン、リン酸モノエステル化リン酸架橋デンプン、リン酸化デンプン及びリン酸架橋デンプン
品　温	マイナス一八℃以下であること。
異　物	混入していないこと。
内容量	表示重量に適合していること。
容器又は包装の状態	耐冷凍性、防湿性及び十分な強度を有する資材を用いており、かつ、食用油脂で揚げたものにあっては、耐油性を有する資材を用いていること。また、容器のまま加熱調理するものにあっては、耐熱性を有する資材を用いていること。

2　凍結は、最大氷結晶生成帯を急速に通過し、品温がマイナス一八℃に達する方法によるものでなければならない。

3　食用油脂で揚げる場合における揚げ油の酸価は、二・五以下でなければならない。

■冷凍食品の特性

冷凍食品の特性としては、次のようなことがあげられる。

①保存性に優れている：このことは最も本質的な特性である。とれたて、作りたての品質がマイナス一八℃以下の保存で一年間保持できる。

②簡便性に優れている：洗浄、不可食部の除去、調理品では調理・加熱の前処理・加工が施されているので、解凍加熱するだけで食べられる。近年、電子レンジの普及とレンジ対応商品の開発・商品化が進み、調理の簡便性は格段に進化した。

③安全性に優れている：食品の安全性は、微生物等による食中毒と食品添加物の使用に関するものがある。冷凍食品はマイナス一八℃に温度を下げ品質を維持しているので、微生物は増殖しない。したがって、保存のための添加物の使用は基本的に必要ない。また、流通過程では、包装が施されているので意図的な混入は別として、通常の取り扱いでの汚染はない。

④品質と価格の安定性：生鮮品は時期により品質や価格が変動するが、冷凍食品は周年安定している。このことは、とくに冷凍野菜において顕著である。

⑤種類の多様性：素材品から調理品まで多くの種類があり、多様性に富んでいる。とくに調理品は加工技術、凍結技術の進歩により料理の分野を広げた。近年では海外生産による手作り商品の輸入も増加し、ユーザーにとってメニューの多様化が容易になった。

⑥規格品である：規格が定められており大量調理に適している。そのため調理マニュアルが作りやすく、マニュアル通りに調理すれば失敗が少ない。さらには原価計算が容易で、外食産業にとっては利用しやすく、メニューの多様化が可能になる。それだけに、同一規格のものを大量に作るということで、品質管理には多くの努力が費やされている。

二、加工食品の表示に準拠する冷凍食品表示

食品表示は、消費者にとって食品を選択するための大切な情報である。いつ、どこで作られ、何が入っているのかを知ることは、安心できる食品を手に入れる第一の条件である。この十年余りのあいだ、数多くの食に関する不祥事が発生し、食の安全・安心への関心はいやがうえにも高まり、消費者は情報の開示を迫り、担当官庁は法律の強化を図ってきた。

食品表示は、「食品衛生法」と「ＪＡＳ法」の二つを中心にして、計量法、不正競争防止法、不当景品類および不当表示防止法、健康増進法などにより規定されている。しかし、それらはそれぞれ監督官庁も異なっており、わかりにくい体系となっている。

食品衛生法は「人間の健康に害があるかどうか」をチェックする法律で、厚生労働省の管轄である。JAS法は、主に品質に関して「消費者の適正な選択のための情報提供」についてのルールを定めたもので、農林水産省の管轄であったが、表示も含め二〇〇九（平成二十一）年九月からは消費者庁に一括された。

■消費期限・賞味期限について

購入した食品がいつまで安全でおいしく食べられるのかは、消費者にとって極めて重要な関心事である。「消費期限」は、〝その日までに消費せよ〟という意味で、生麺やお弁当など傷みやすい食品の表示に使われる。以前、加工食品は製造年月日のみ表示が義務付けられていたが、加工技術や保存技術の進歩により、いつまで喫食しても大丈夫かの判断が難しくなったため、一九九五（平成七）年から期限表示が義務化された。

「賞味期限」は〝その日までに消費するのが望ましい〟の意味で、品質が保持される日数に安全係数をかけて設定されているので、期限が過ぎたからといって食べられないわけではない。賞味期限は品質の劣化が比較的緩やかな食品につけられており、冷凍食品は賞味期限表示となっている。

消費期限や賞味期限は、行政などが一律に決めて押し付けるものではなく、その商品を最もよく知っている製造者や輸入業者が、科学的根拠に基づき設定するものである。したがって、科学的・合理的な根拠の裏付けを取り開示できるようであれば、変更しても構わない。しかし、営業上の理由や、販売を目的とした日付の延長などの変更は、改ざんになる。

消費期限・賞味期限は、あくまでも商品ごとに決められた保存状態を守った「未開封」の場合の目安であって、開封後は買った当人の責任となる。

■冷凍食品の賞味期限

冷凍食品の賞味期限は、日本冷凍食品協会がガイドラインとして「冷凍食品の期限表示の実施要領」を、次のように取り決めている。

①保存試験方法　②期限表示の方法　③品質評価方法　④期限設定を行う者　⑤当協会の保存結果の参考資料　⑥海外における冷凍食品の貯蔵期限の参考資料

また、厚生労働省、農林水産省の食品期限表示の考え方を、参考として掲載する。

●「食品期限表示の設定のためのガイドライン」

二〇〇五年二月、厚生労働省、農林水産省の合同による基本的考え方が策定された。

（1）食品の特性に配慮した客観的な考え方

ア、期限表示が必要な食品は、生鮮食品から加工食品までその対象が多岐にわたるため、個々の食品の特性に十分配慮した上で、食品の安全性や品質等を的確に評価するための客観的な項目（指標）に基づき、期限を設定する必要がある。

イ、客観的な項目（指標）とは『理化学試験』『微生物試験』等において数値化することが可能な項目（指標）のことである。ただし、一般に主観的な項目（指標）と考えられる『官能検査』における「色」、「風味」等であっても、その項目（指標）は適切にコントロールされた条件下で、適切な被験者により的確な手法によって数値化された場合は、主観の積み重ねである「経験（値）」とは異なり、客観的な項目とすることが可能と判断される。

ウ、これらの項目（指標）に基づいて設定する場合であっても、結果の信頼性と妥当性が確認される条件に基づいて実施されなければ、客観性は担保されない。

エ、各々の試験及び項目（指標）の特性を知り、それらを総合的に判断し、期限設定を行わなければならない。

オ、なお、食品の特性として、たとえば1年を超えるなど長期間にわたり品質が保持される食品については、品質が保持されなくなるまで試験［検査］を強いることは現実的でないことから、設定する期間内での品質が保持されていることを確認することにより、その範囲内であれば合理的な根拠とすることが可能であると考えられる。

（2）食品の特性に応じた安全係数の設定

ア、食品の特性に応じ、設定された期限に対して1未満の係数（安全係数）をかけて、客観的な項目（指標）において得られた期限よりも短い期間を設定することが基本である。なお、設定された期間については、時間単位で設定することも可能であると考えられることから結果として安全係数をかける前と後の期限が同一日になることもある。

イ、たとえば、品質が急速に劣化しやすい「消費期限」が表記される食品については、特性の一つとして品質が急速に劣化しやすいことを考慮し期限が設定されるべきである。

ウ、また、個々の包装単位まで検査を実施すること等については、現実的に困難な状況が想定されることから、そういった観点からも「安全係数」を考慮した期限を設定することが現実的であると考えられる。

（3）特性が類似している食品に関する期限の設定

本来、個々の食品ごとに試験・検査を行い、科学的合理的に期限を設定すべきであるが、商品アイテムが膨大であること、商品サイクルが早いといった食品を取り巻く現状を考慮すると、個々の食品ごとに試験・検査をすることは現実的でないと考えられる。食品の特性等を十分に考慮した上で、その特性が類似している食品の試験・検査結果等を参考にすることにより、期限を設定することも可能であると考えられる。

（4）情報の提供

期限表示を行う製造者等は、期限設定の設定根拠に関する資料等を整備・保管し、消費者等から求められたときには情報提供するよう努めるべきである。

原料原産地表示について

ＪＡＳ法で規定されている原産地の表示は、原産地による品質の違いを判断するためのものであり、安全性の判断基準ではない。そのため基本的には、「原産地の違いが品質の差につながる」と考えられるものに原産地の表示が義務付けられており、例えば生鮮食品にはそれが義務付けられている。

加工品の場合は、輸入品と国内で製造された製品とでは規定が違う。輸入品は、原産国の表示が義務付けられているが、この場合、原料の原産国名ではなく、製造された場所の国名を表示する。例えば、中国で魚の切り身を加工するのに原料魚をニュージーランドから輸入した場合、原産国は「中国」となる。ＪＡＳ法の表示における原産国とは、原料の原産国ではなく、「商品の内容について実質的な変更をもたらす行為が行われた国」をいうのである。つまり平易に言えば、原産地とは製造した国のことである。

「原料原産地表示に対する消費者の意識」について、平成二十年農林水産省の消費者調査では、八〇・五％の消費者が原料原産地の表示をすべきだと回答している。なぜ表示すべきだと思うかという問いに対しては、「原材料がどこの国で作られたかで安全性がわかるから」が四八・八％、「中国等特定の国で作られた原材料を使った食品は買いたくないから」が四四・八％を占めていた。これらの回答に中国産の冷凍ギョーザ事件、粉ミルクへのメラミン混入事件、鳥インフルエンザ発生等が影響を及ぼしていることは確実で、国内でも安全を脅かす事故が起こるとすぐに消費者心理に影響を及ぼし、不買行動につながっている。つまり、原料原産地表示は地域による「品質の違い」の情報よりも、安全性への判断指標として消費者に求められているのである。

東京都の条例による調理冷凍食品に対する原料原産地表示の義務付け等、原料原産地表示を強化する動きもある。東京都の対応を紹介したＨＰのＵＲＬは次のとおりである。

http://www.fukushihoken.metoro.tokyo.jp/shokuhin/hyouji/reishoku_gensanchi.html

製造者にとって原料原産地表示は季節によって原産地が変動する原材料もあり、パッケージの狭いスペースへの表示では難しい面もあり、ホームページやお客様センターでの対応などで情報を公開している企業が増えつつある。

消費者の間には、中国産への不信がまだ根強い。畑、牧場、養鶏場等の原料基地と食卓を安全につなぐには、畑も製造工程の一部と認識すべきであり、「From Farm To Table」のキーワードの下、極めて重要な位置を占める中国の Farm（原料生産基地）への消費者の不信を取

〈冷凍食品〉

名　　　　称	焼おにぎり
原　材　料	米、しょうゆ、食塩、粉末しょうゆ、糖類（砂糖、果糖ぶどう糖液糖）、植物油脂、酵母エキスパウダー、でん粉、発酵調味料、かつお削りぶし、ほたて貝エキスパウダー、酢、かつおぶしパウダー、こんぶパウダー、ゼラチン、増粘剤（加工でん粉、キサンタンガム）、調味料（核酸）、（原材料の一部に小麦を含む）
内　容　量	480グラム
賞味期限	枠外右に記載してあります
保存方法	－18℃以下で保存してください
凍結前加熱の有無	加熱してあります
加熱調理の必要性	加熱して召しあがってください
製　造　者	株式会社ニイレイフーズ　NRK2 東京都中央区築地6-19-20

〈冷凍食品〉

名　　　　称	コロッケ
原材料名	野菜（ばれいしょ、たまねぎ）、牛肉、砂糖、しょうゆ、粒状植物性たん白、みりん、小麦粉、牛脂、食塩、香辛料、衣（パン粉、植物油脂、でん粉、粉末状植物性たん白、粉末卵白）、揚げ油（大豆油、なたね油）、増粘剤（キサンタンガム）、カロチノイド色素、（原材料の一部に乳成分を含む）
衣　の　率	50パーセント
内　容　量	250グラム
賞味期限	枠外右に記載してあります
保存方法	－18℃以下で保存してください
凍結前加熱の有無	加熱してあります
加熱調理の必要性	加熱して召しあがってください
販　売　者	株式会社ニチレイフーズ　NRBH 東京都中央区築地6-19-20

ニチレイフーズ協力工場：JA士幌町食品工場（北海道河東郡士幌町）でつくっています。

図4.1　一括表示の例

り除くため、業界あげての一層の努力が必要である。

■アレルゲン表示について

二〇〇一（平成十三）年四月からアレルゲン表示が義務化された。「省令」で表示が義務化されているものは七大アレルゲン（卵、乳、小麦、そば、落花生、エビ、カニ）で、これらを原料とする食品およびこれらを原料とする添加物を使用する場合は、物質名を書いたうえで「〇〇由来」と表示することが義務付けられている。

また、「通知」で表示を奨励する原材料の一八品目（あわび、いか、いくら、オレンジ、キウイフルーツ、牛肉、くるみ、さけ、さば、大豆、鶏肉、バナナ、豚肉、まつたけ、もも、やまいも、りんご、ゼラチン）についてもできる限り表示すべきである。

食物アレルギーを持病とする人にとってそれぞれアレルゲンは異なり、微量でも体に深刻な影響を与える危険性があるため、表記を怠ってはならない。

微量のアレルギー物質混入防止については、関係者の方には以下のことを念頭に入れて製造にあたってもらいたい。

①特定原材料を含む製品は専用ラインでの生産が望ましい。

②製造ラインを共用するときは、特定原材料を含まない製品から生産する計画とすべきである。
③やむを得ず特定原材料を含む製品を先に生産するときは、切り替え時に水洗を実施（ＣＩＰ（※）、分解洗浄）し、ＡＴＰ測定、総蛋白測定法によりアレルゲン除去の確認を実施することが必要である。
④特定原材料の保管場所、備品類置き場は専用化し、表示して識別できるようにする。
⑤計量、配合室は専用化し、秤も専用化する。塵埃によるコンタミネーション防止のため専用のダクトも必要である。
⑥飛沫によるコンタミネーションで重篤なアレルギー疾患が発生することもあるので、飛沫の一滴も油断してはならない。

※ＣＩＰ：食品を扱う工場では作業終了後、機械設備の洗浄・殺菌が衛生問題上必要で、分解してそれらを行うのが常識である。これをＣＯＰ（Clean On Place）、分解洗浄という。一方、複雑でないパイプラインや殺菌機、タンク等は、洗浄・殺菌の装置を組み込み、自動洗浄する。これをＣＩＰ（Clean In Place）、定置洗浄という。汚れに適した洗剤の選定や熱水装置が必要である。

筆者の孫は卵アレルギーであり、両親は必ず一括表示を調べてから食べさせている。わからないときはメーカーに問い合わせている。

また、筆者の元部下はパンのメーカーに転職し、卵を使わないパンを開発して生協ルートに販売し、好評を得ている。彼もやはり卵アレルギーで、パンを食べるのが悲願であったため、アレルギー患者にぜひとも食べさせてあげたかったそうである。消費者から「本当に食べても大丈夫なのか」と問い合わせがあるそうだが、自分が卵アレルギーであり、自分が食べているので大丈夫だと回答すると安心するとのことであった。

アレルゲン表示のミスは即、回収処置となる。

■食品添加物の表示について

食品添加物を危険なものとみる消費者は少なくない。国民生活センターが二〇〇三（平成十五）年に主婦三千人を対象に行った調査では、食品添加物に不安や不満を感じている人は九割を占め、いかに不信感をもっているかがうかがえる。「化学的合成物質は危険」、「天然は安全」、「合成のものは発がん物質、体内に蓄積される」等のイメージをもっている。

食品衛生法では、食品添加物とは「食品の製造の過程においてまたは食品加工もしくは保存の目的で、食品に添加、混和、浸潤その他の方法によって使用する物」と定義されており、毒性試験を経て安全が認められたものだけが許可されているのである。

食品添加物には成分規格、製造基準、使用基準、表示の基準が定められ、これらすべてが「食品添加物公定書」に収載されている。

食品添加物の使用目的を改めて確認してみよう。

①　食品製造の手段として

昔から使っているものには、豆腐を製造するときに使用する「にがり」がある。昔は、塩を作るときの副産物であった。現在では化学的に合成された「塩化マグネシウム」「硫酸カルシウム」「グルコノデルタラクトン」が使われている。また、家庭でもよく使われる「ベーキングパウダー」は炭酸水素ナトリウム（重曹）で、膨張剤である。他に乳化剤、膨張剤などがある。

② 品質保持、保存の手段として

保存性を高め食中毒を防止する役割がある。化学的に合成された「ソルビン酸」がよく知られている。チーズ、練り製品、漬物などに幅広く使われている。

pH調整剤を使う製品も増えている。「クエン酸」「リン酸」等はpHを酸性側に保ち、細菌の増殖を抑える効果を利用している。ただ、冷凍食品にはこのような添加物は必要なく、ほとんど使われていない。その他には酸化防止剤、防かび剤などがある。

③ 品質の向上手段として

見た目を魅力的にする着色料がある。「食用赤色3号」等合成されたものや、野菜や果物から抽出されたものなどがある。「亜硝酸塩」や「硝酸塩」などは、ハムなどをピンク色に保つ発色剤の役割を果たしている。また、香りを付与する香料も、天然であっても化学物質である。

調味料としては、酸味料、甘味料のほかに旨味調味料があり、最も広く使われているのが「グルタミン酸ナトリウム」である。植物や動物からの抽出物であるエキス類（ビーフエキス等）も風味を整えたり、旨味を強化したりする調味料として使われる。

その他、乳化剤、安定剤、増粘剤は、水分を保持し食感を滑らかにする役割がある。

④ 栄養強化を目的として

栄養価を強化する目的で使われる物質も、食品添加物に分類される。ビタミンC、ビタミンEなどは栄養強化と酸化防止を目的として使用される。酸化防止剤として使用された場合は、表示が義務付けられているが、栄養強化剤として使う場合には、表示義務はない。

食品添加物にはおおまかにこれらのような役割があり、加工食品の品質向上に機能を発揮している。安全性の問題で消費者の不信感は根強いが、食品をおいしく、安全に製造する手段としても必要不可欠であり、製造者、流通業者、輸入業者はまず法を遵守し、消費者は表示を基に購入の判断をすべし、というのが筆者の考えである。

食品添加物の表示は、使われているかどうかだけしかわからないので、詳しく知りたい場合には製造者等に問い合わせることである。情報開示は進んでいる。

■ 遺伝子組み換え食品の表示

農林水産省では、二〇〇一（平成十三）年四月から遺伝子組み換えの表示を義務化した。大豆、トウモロコシ、ジャガイモ、菜種、綿の五農産物と、これらを主な原料（原材料に占める重量の割合が上位三位以内でかつ全重量の五％以上を占めるもの）とする食品に表示義務を課した。納豆、豆腐、コーンスナック等三十品目についても表示が定められている。

（ⅰ）遺伝子組み換え食品→表示の義務化

（ⅱ）遺伝子組み換え不分別食品→表示の義務化

（ⅲ）遺伝子組み換えではない食品→任意表示

■表示対象農産物と食品

遺伝子組み換え表示義務の対象となっているものは、次の食品である。

大豆：豆腐、油揚げ類、凍り豆腐、オカラ、湯葉、納豆、豆乳類、味噌、大豆煮豆、大豆缶詰とビン詰、きな粉、いりまめ、これらを主原料とする食品、大豆（調理用）を主な原料とする食品

枝豆：仇豆（大豆の選別不良品）を主原料とする食品

大豆モヤシ：大豆モヤシを主原料とする食品

トウモロコシ：コーンスナック菓子、コーンスターチ、ポップコーン、冷凍トウモロコシ、トウモロコシ缶詰とビン詰、コーンフラワーを主原料とする食品、コーングリッツを原料とする食品

遺伝子を組み換えて作られた農産物は、安全性に未知の部分が多いため、不安があると消費者は感じている。安全性が確認されるにはまだ時間がかかる。

三. 冷凍食品をおいしく食べる調理とホームフリージング

■新商品のほとんどが電子レンジ調理向け

家庭用の冷凍食品は、その多くが電子レンジによる調理を想定して作られている。火を使わず熱も出ない電子レンジは、その簡便さにおいて最も優れた調理機器と言えるかもしれない。二〇〇九（平成二十一）年春に発売された新商品の調理方法は、表4・1のとおりである。

表4.1　新商品の調理方法（2009・平成21年春に発売されたもの）

調理方法	品目数
電子レンジ	66
電子レンジ・オーブントースター	1
電子レンジ・蒸し	1
電子レンジ・ボイル	1
電子レンジ・フライパン	5
電子レンジ・鍋	2
電子レンジ・湯せん	8
鍋	1
フライパン	4
計	89

このように、電子レンジ専用が六十六品目で全体

の七〇％を占める。また、電子レンジと他の調理方法が併用できる品目と合わせると九三％強となり、いかに電子レンジの利用を想定して商品が作られているかがわかる。それだけ、各家庭に電子レンジが普及しているということである。

電子レンジまたはフライパンを使うのは、主にピラフ類である。フライパンは時間と手間がかかるが調理の作業が実感できる。また、好みの「あおり炒め」ができる。電子レンジまたは湯せんは、主にスパゲッティである。フライパン利用は主にギョウザである。

この、電子レンジの利用を主体とした冷凍製品の開発傾向は今後も続くと思われ、電子レンジだけで食卓の料理が整ってしまう、ということも少なくないはずである。

■調理方法の表示の意味を知っておこう

冷凍食品のパッケージの裏側には、調理方法が表示されている。知っていると便利なので少し解説する。

●**電子レンジ専用**：このように表示してある商品は、電子レンジの調理が「**最適**」であることを示しており、商品開発の段階から、電子レンジ対応として商品の設計をしているものである。いわゆる電子レンジ対応商品である。

図4.2　電子レンジでの調理方法表示の例

●調理時間を個数・重量ごとに、また５００w、６００w別に時間を表示：こうした商品の「調理時間」には「約」という字が頭についている。理由は、調理時間は電子レンジのメーカーや電子レンジの老朽化等の条件に左右され、必ずしも表示の時間が最適とはかぎらないからである。５００w、６００wの設定も調理時間をより正確にするためである。手で触り、まだ少し冷たいようであれば約一〇秒刻みに加熱を追加するのがよい。また、食品の量と調理時間はほぼ比例する。庫内の電磁波は一定なので、倍量だと電磁波は半減することになる。

●ラップをかけずに加熱してください：この注意書は、とくにフライ物に多く、ラップをかけると、加熱時に発生する水蒸気のためにパン粉や衣が湿気って、「サクッ」とした食感がなくなるのを防ぐためのものである。逆にラップの必要な商品もあるので、注意書きをよく読んでほしい。

●ターンテーブルの中央で品物を加熱しないで下さい：電子レン

ジの中央部分は、電磁波が当たりにくいために加熱ムラが発生するので、ターンテーブルの端に置く。二個以上のときは等間隔に置く。グラタン等の大きな商品は中央に置く。

● **加熱しすぎに注意**：加熱しすぎると商品はゴムのように硬くなり、おいしく食べられない。また、パンクの恐れがあるので注意する。

● **調理時間の途中で裏表を反転する**：これは、より均一な加熱をするための注意書きで、加熱に少し時間のかかる大きめの商品に適用する。

＊電子レンジ一言メモ

・電磁波の持つエネルギーで、食品などを加熱調理する調理機器である。
・食品内部の水分子にエネルギーを与えて加熱する。マイクロ波の照射により食品中の水分子にマイクロ波の振動エネルギーを伝え、水分子が振動を始め、摩擦熱が発生して加熱される。
・マイクロ波の発生源はマグネトロンという真空管の一種が使われる。
・欠点は加熱速度が早すぎること、最適加熱時間の設定が難しいこと、部分加熱が起きやすく加熱ムラが起きやすいこと。
・冷凍食品への利用は、あくまでも解凍・加熱機器であるとの認識が必要。食品をおいしくする調理機器ではない。
・電子レンジで使える容器と使えない容器がある（図4・3参照）

図4.3　電子レンジで使える容器と使えない容器

（National（現パナソニック）「電子レンジのABC」より）

○印は使えます。×印は使えません。

容器の種類	耐熱性ガラス容器 	耐熱性のないガラス容器 	陶器・磁器 	耐熱性ポリ容器 	熱に弱いプラスチック容器 
	○	×	○	○	×
理由	耐熱性のガラス容器は、電波を通し熱に強く最適です。	耐熱性がないので使えません。 カットガラスや強化ガラスも使えません。	**ご注意**　内側に色絵つけのあるものひび模様のあるもの・金銀模様のあるものはスパークやヒビ割れをおこすのでさけてください。	耐熱温度が120℃以上のものは電子レンジ調理には使えます。 **ご注意**　油分の多い料理など、中の食品が高温になるものには使えません。	耐熱温度が100℃以下のものは熱に弱いので使えません。
容器の種類	アルミ・ホーローなどの金属容器 	漆器 	木・竹製品 紙製品 	ラップ 	アルミホイル 
	×	×	×	○	×
理由	電波を通さないので電子レンジ料理には使えません。 **ご注意**　また、金網や金串なども、火花をとばしたりして危険です。	塗りがはげたりひび割れをおこしたりすることがあるので、使えません。	**ご注意**　針金を使っている木・竹製品などは、そこに電波が集中して火花がとび、こげてしまいます。	野菜をゆでるとき包んだり、容器のふたとして使えます。 **ご注意**　肉類や揚げものなど高温になるものは、じかに包むと溶けてしまうので、ご注意ください。	ただし、電波を反射する性質を利用して部分的には使えます。 ・茶わん蒸しのふた ・魚の尾を巻くなど

■知って得する冷凍野菜の調理

冷凍野菜でも、作る料理や好みによって、いろいろな使われ方、調理の仕方があると思われるが、ここでは代表的な冷凍野菜の調理方法のコツを紹介する。

ホウレン草：二〇〇七（平成十九）年の消費量は国内生産量八〇一二トン、輸入数量二万四二一二トンで、葉菜類では最もよく利用されている野菜である。炒める場合は凍ったままのホウレン草を袋から取り出し、フライパンで炒めて調理する。「ホウレン草のベーコン炒め」はポピュラーな料理である。霜、水分の付着は炒めるとき油がはねるので注意が必要。ゆでる場合は、沸騰したお湯に凍ったままのホウレン草を入れ、約二〇〜三〇秒湯がいてザルにあけ、水にさらし、絞っておひたしや胡麻和えなどにする。グラタンやみそ汁の具にも使える。

枝　豆：二〇〇七（平成十九）年の輸入数量は五万九〇四〇トンで、中国、タイ、台湾からの輸入がほとんどである。自然解凍の場合は約一時間三十分、流水解凍の場合は流水で解凍し、ザルにあけて水切りをする。水温約二〇℃で約二〜三分。電子レンジを利用する場合は、凍ったままの枝豆を皿に平らに盛り、ラップをかけて温める。

インゲン：二〇〇七（平成十九）年の輸入数量は二万八千トンで、ほとんどが中国からの輸入である。凍ったままのインゲンを湯通しするか、そのまま炒めるかして、お好みの料理に使う。表面を解凍して、衣をつけててんぷらにしてもよい。

カボチャ：国内産が多く、主に北海道産である。二〇〇七（平成十九）年は一万五八二六トンの生産量で、馬鈴薯に次いで二番目であった。煮物にする場合は、カボチャを凍ったまま袋から取り出し、沸騰したお湯、またはだし汁で十～十五分軽く煮る。皮を下にして皿や鍋に並べ調理すると、煮崩れしにくくなる。電子レンジの場合は、皿に盛ってラップをかけて加熱してから喫食するか、料理に使う。

その他、ポテトは三〇万八千トンと圧倒的な一位を占め、アメリカからの輸入が二四万トンにもなる。ほとんどがフライドポテト用としてカット、ブランチングして輸入され、調理は油で揚げる。サトイモも四万五千トンの輸入数量で、よく利用される商品である。ほとんど中国からの輸入である。カボチャと同じように煮物として利用される。

これらの野菜は旬に収穫され、前処理を施し、急速凍結して産地の冷蔵庫に保管され、必要に応じて包装され市場に供給されている。まさに、「農場から食卓まで」である。

冷凍野菜は下ごしらえがしてあり、そのまま料理に使え便利である。また、必要な量だけ使え無駄が出ない。さらには、急速凍結なので旬のおいしさが味わえ、価格が安定していることは冷凍野菜の優秀なところである。

以上のような便利さが買われて家庭用や業務用として利用され、年間約八〇万トンの消費量となり食卓をにぎわしている。

■冷凍食品の解凍と調理のコツ

●生ものの解凍調理

魚や肉などの生ものは、調理の前に下ごしらえのため、解凍が必要である。

上手な解凍のコツは、戻しすぎないことである。芯の部分がまだ固い半解凍状態が戻しごろである。マイナス三～マイナス五℃くらいの品温が、包丁で切り分けやすい。

半解凍の状態になったらただちに調理を始めるとよい。ドリップの流出もなく、本来の品質に戻る。

解凍方法には次の種類がある。

・低温解凍（冷凍庫から冷蔵庫へ）

包装のまま五℃程度の冷蔵庫内で解凍するもので、時間がかかる。工場等では、翌日に使用する予定の冷凍原料を冷蔵庫で一晩かけて解凍している。家庭では数時間といったところであろう。使用する時間から逆算してタイミングを計り、冷凍庫から冷蔵庫に移せばよい。生ものは冷蔵庫で時間をかけて解凍するのがよい。食肉類もマイナス五～マイナス七℃くらいまで解凍すると包丁で切りやすく、ドリップ（肉汁）も溶出しない。

刺身として調理する冷凍の魚は、三％程度の食塩水に清潔なふきんを浸し、よく絞ったふえで魚をくるみ、冷蔵庫内で解凍するとよい。てんぷらに調理する小魚類も乾いた布等にくるんで解凍すると適度に水分が抜けておいしく揚げられる。

・自然解凍（室内に放置）

室内に出して解凍するので、低温解凍より早く解凍される。ダンボールや紙にくるめば低温解凍に近い状態が得られるので、半解凍の状態が得られやすい。室温は季節により上下するので、頃合を計るのが難しい。

・流水解凍（流水に浸ける）

急いで解凍したいときには流水に浸けるとよい。その際には食品を必ず袋に入れ、旨味成分や栄養分が逃げてしまわないようにすることが肝要である。この解凍方法は、大急ぎのとき以外は利用しないほうがよい。

・電子レンジ解凍

電子レンジ解凍では、魚のように厚みや凹凸があるものを解凍する場合、解凍時間にばらつきが発生し、部分的に加熱されてしまう恐れがある。これを防ぐには、食品をアルミ箔などで包み、電磁波を反射させたりする調整が必要である。この冷凍品ならこのくらいの時間、といった目安が難しいので、ある程度経験を重ねるしかない。

■調理冷凍食品（電子レンジ対応商品以外）の解凍調理

ほとんどの調理冷凍食品は解凍と調理が同時に進行する。

・蒸気による解凍調理

シューマイ、中華饅頭等は蒸し器やセイロを使って、九七～一〇〇℃で蒸すことにより解凍・調理する。製品の皮の澱粉はα化（※）し調理も完了する。蒸す時には蒸し器の底に濡らした布を敷き、その上に並べること、蒸しすぎて品物が崩れてしまわないように気使うことがコツである。

※α化：澱粉に水と熱を加えると、分子間に水が入り込んで膨潤する。これを糊化、またはα化という。日常経験するα化の事例は、米の炊飯である。水と熱を加えて御飯とする。シューマイや中華饅頭の皮には小麦粉の澱粉が多く含まれており、再び加熱することによりα化の状態に戻り、おいしく食べられる。

・熱板解凍調理

ギョーザの解凍調理がポピュラーである。フライパンにサラダ油をひいて、一二〇～一三〇℃程度に温まったところでギョーザを並べ、焼き目がついてきたら水を加えて三分間ほど弱火で加熱し、水がなくなり焦げ目がついたところで取り出し、皿に盛りつける。

ハンバーグも熱板解凍調理である。ハンバーグは弱火で加熱すること、表裏の焼き目付けと均等な加熱のため、途中の半転が必要である。

・油煠解凍調理

コロッケ、フライ類、カツ類、天ぷら類は油で揚げるのが一般的である。これらの製品は解けたりしているとパンクを起こしてしまうので、凍った状態で油に入れる。また、揚げるときの温度が低いと、形が崩れたり中の具が出てきたりしてしまう。一七〇～一八〇℃が適温である。一度に大量に入れると油温が下がりパンクや形崩れを起こすので、常に火加減に注意して少しずつ入れること。

オートフライヤーでの大量調理の場合は、入り口の油温を一八〇℃前後にセットする。これは、品物の投入により温度が下がるためである。出口は一七〇℃前後にセットする。温度は自動制御が必要である。

・ボイル解凍調理

ボイル・イン・バッグのスープ、シチュー、ミートボール等は袋ごと、沸騰したお湯に入れて解凍調理する。時間がある程度かかるが失敗は少ない。滅多にないことだが、袋にピンホール（小さい穴）があると中の具が出てしまうので事前に確認が必要である。しかし、発見は難しい。

・冷凍野菜の解凍調理

ミックスベジタブル、スウィートコーン、グリーンピースは熱湯で軽くボイルすると霜が解け、組織がやわらかくなるので、その後の炒め物などの調理が楽になる。

■ホームフリージング

家庭では、調理したものを作り置きして冷凍し、必要なときに必要な量を解凍して食卓の一品とすることも多いのではないだろうか。そうしたときに知っておくとよい冷凍の知識を少し書き添えておく。

家庭での冷凍食品作りのポイントは以下のとおりである。

（1）できるだけ短時間で凍らせること

急速凍結が望ましいので、品物は「薄く」が基本で、目安は一㎝前後。これは、品物の内部に生成する氷の結晶を小さくするためである。氷結晶は成長して大きくなると食材の細胞を損傷し、解凍時にドリップとなって栄養分・旨味成分を損失させる。

凍結室がない冷蔵庫では、冷凍室での凍結となる。冷凍室の室温上昇をできるだけ少なくするため、熱い品物は粗熱をとってから冷凍する。アルミトレイに品物を並べ、その上にクーラーボックス用の保冷剤を置くと、凍結速度は格段に速くなる。

氷結晶は時間に比例して成長する。また、ドアの開閉による冷凍室の温度変化により氷の成長が左右される。したがって、冷凍品は早めの使用が望ましく、目安としては一カ月以内であろう。

（2）空気に触れないようにする

ラップ、ジッパー付き冷凍用袋、プラスチック製保存容器等を食材に合わせて使用する。

水分が多い、霜の付きやすい品物はラップで密着して包んでから凍結し、冷凍用ジッパー付きパックに入れて冷凍保存する。その際、なるべく空気を出してから封をするとよい。

プラスチック製保存容器は、主としてソースやスープなどの液体ものの冷凍保存に使用する。できるだけ容器上部の隙間をなくし、空気を追い出すことが必要である。

霜は品物からの水分である。したがって、霜ができると品物は乾燥してパサパサになり、冷凍焼けを起こす。空気はその中に含まれる酸素により脂肪分を酸化し、変色や異臭の原因となる。

（3）下処理は食材ごとに異なる

〈野菜類〉

葉ものはブランチング（熱湯でさっとゆでる、蒸気で蒸す）して酵素を失活させることで、ビタミンなどの栄養分の減少を防ぐことができる。ブランチング後は水で冷却し、水分を硬く絞り、小分けしてラップで包み、凍結後プラスチック保存容器に入れて冷凍保存する。

植物は繊維が硬いので、そのまま凍結すると繊維が凍ることにより組織が脆くなる。そのため、繊維を熱でやわらかくする。ホウレン草などはブランチング後一回分ずつ小分けして冷凍しておけば、そのまま鍋に入れるだけで朝のみそ汁にありつける。忙しい朝には便利である。

根菜類は調理したものを凍結し、冷凍保存するほうがよい。

〈魚類〉

頭・内臓を除去して三枚におろし、切り身にする。クッキングペーパーなどでしっかり水気を取ってラップに包み、凍結してからジッパー付きの袋に入れ冷凍保存するとよい。

〈肉類〉

・スライス肉は一枚ずつラップで包み、離れやすいようにして、一cmほどの厚みに重ねて凍結し、袋に入れて冷凍保存する。一枚ずつだと薄いのですぐに解凍でき、解凍しないままでも調理できる。

・小間切れ肉は店頭でよく特売をしており色々な料理に使えるので、冷凍保存しておくと便利である。一回分ずつ小分けしておくとよい。小分けしたらできるだけ平らに薄くして凍結しておくと、使いやすい。

・挽き肉も色々な料理に使えるので冷凍保存は便利である。挽き肉をラップで包み空気を抜いて薄くして凍結し、袋に入れ冷凍保存する。ハンバーグにしてしまってから冷凍するのもよい。また、炒めて下味を付けてから冷凍保存しても料理にすぐ使え、便利な食材となる。下味を付けてから冷凍保存すると氷結晶が大きくなりにくく、味付けしていないものより長く冷凍保存できる。肉類などは、調味料に漬け込んでから凍結すると肉質がやわらかくおいしくなり、保存中の品質も安定する。

〈ご飯・麺類〉

澱粉がβ化（※）しないうちに凍結したほうがよい。熱々の炊きたてご飯を凍結するのが理想であるが、冷蔵庫内の室温の上昇と冷凍能力を考慮すると、粗熱をとってからがよい。冷凍食品のご飯類は、炊きたてを急速冷凍するので美味しさが生きている。うどんも、市販の製品は釜揚げ後すぐに急速冷凍しているので、腰の強いうどんとなっている。

（4）栄養価について

葉もの野菜はブランチングにより酵素を失活させることで、酵素によるビタミンなどの栄養成分は分解されない。したがって、野菜室での保管より栄養価は高い。また、冷凍野菜は旬の時に収穫し、産地で凍結、冷凍保管して包装・出荷しているので、旬の栄養が詰まっている。

（5）食材選びについて

品質の良いものをホームフリージングの原料として選ぶこと。冷凍保存で品質が良くなることはない。最近の冷凍冷蔵庫は機能が優れているので、その他の食品の冷凍についても、それほど遜色はない。

※β化：水と熱を加えてα化（糊化）された澱粉は、そのまま放っておくと次第に冷却して粘りを失い、生のときの状態に戻ってしまう。この状態をβ化という。冷や飯が端的な事例である。

■最近の冷蔵庫

カタログを調べると、四〇〇L以上の冷蔵庫は凍結室と冷凍室が別になっている。M社の場合、凍結室は微粒子凍結（急速凍結すると氷結晶が小さくなり、組織を痛めず保存できる）によって食品の細胞破壊を抑えて、美味しさが保たれたまま冷凍できると強調している。その機能として、次のような事柄をうたっている。

①　熱いまま凍結できる：例えば、炊きたてのご飯を凍結できる。また約八〇℃の食品を入れても、元から入っていた食品の温度上昇は一℃未満である。

②　美味しく保存できる：温度センサーを設置し、食品の温度をチェックし、新たに入れた食品を感知したら、その位置に冷気を集中し、凍結が終わったら温度ムラを抑えて保存する。

③冷凍焼けを抑制する：食品温度を安定させ、霜つき、変色を抑える。光パワー（紫外線）で除菌、脱臭、匂いの移行を抑える。
④切れちゃう冷凍：凍結室の機能として、凍っていても包丁で切れるように温度をコントロールする。マイナス三～五℃くらいに調整するものと思われる。料理に便利である。ただし、使う品物を前もって冷凍室から凍結室に移しかえておかねばならない。
⑤冷凍室：冷凍室は整理性のアップを強調している。自在に動いて間仕切りできる。縦方向に収納し、品物が見やすく保存できるようになっている。品物を探すのに時間がかかると冷気が庫内から逃げてしまうので、温度上昇につながる時間の削減にも気くばりしている。

五社を調べて最も機能の多い冷蔵庫について述べた。冷凍機能の部分が、製氷室も含めて製品全体の三〇％弱の割合を占めており、各社とも品質に影響を及ぼす急速凍結の機能をアピールしている。冷凍保存の機能が向上し、また冷凍食品の利用が一般的になってきているため、電化製品製造会社も力を入れているとみられる。また、冷凍の機能は細菌の増殖を抑制し、食中毒の防止に役立っていることが認知され、安心にもつながっている。これらのことから、冷凍保存は今後ますます国民生活に密着し、活用されていくものと思われる。

＊ホームフリージングへのアドバイス＊

ホームフリージングの目指すところは、食費と（買物・料理の）時間の節約である。その節約三原則は次のようなことである。

①　買い物は週一回

買い物時間の節約と、衝動買いによる無駄の削減のためである。週七回買い物に出かけるとして、筆者の場合では店まで往復十分、店での買物時間約二十分の所要時間であった。七日間で三・五時間となる。また、当面いらないものまで買ってしまう。

②　食材の長期保存

買い物を週一回にするためには食品や食材の保存が必要になる。生鮮野菜、魚、肉類等食材の保存はホームフリージングを有効に活用することとなる。そのためには凍結・冷凍の正しい知識が必要になる。冷凍保存すれば調理の下処理・調理時間を省くことができ、食卓のバリエーションは豊かになる。とくに生鮮類は価格に変動があるので、安い時季や特売時を狙ってのフリージングは食費の節約に効果が出る。

③　一度に大量調理

週一回の買い物の後、食材は下処理をして小分けし、冷凍してしまう。大量調理は美味しく調理ができ、日々の台所に立つ時間を節約してくれる。また、光熱費・水道代も削減できる。ご飯なども炊きたてを家族のお茶碗ごとラップに包み、凍結終了したら冷凍用袋に入れて冷凍保管する。ご飯のおいしさが維持でき、炊飯器の保温電力も節約できる。

おわりに

これからの冷凍食品の三つの課題

今後の冷凍食品業界の課題としては、次の三つがあげられる。

第一に、二〇〇八（平成二十）年に発生した中国製ギョーザ事件、冷凍野菜インゲン事件によって失墜した冷凍食品への信頼を取り戻し、再発させないことである。

この事件の対策として、業界あげて取り組んだ安全に対する諸施策を継続していかなければならない。マンネリ化が最も怖い。安心、安全の担い手は国内、国外の生産拠点ともに従業員である。躾、教育、従業員への思いやりを忘れてはならない。

第二に、食糧自給率の向上という国家の目標に貢献することである。冷凍食品生産会社の原料調達ノウハウ、加工技術、販売力と第一次産業との連携で、その一端を担うべきである。世界の四割弱の人口を占める中国、インドの経済成長は食生活の向上を目指し、食料資源の争奪競争が今後予測される。それに対し日本の停滞する経済は、食糧・食料品の「買い負け」をもたらしそうである。加えて、地球温暖化による気象の急激な変動、世界の人口増加も食糧資源の不足をもたらす要因と見なされる。そのため、食糧自給率の向上は重要であり、日常生活においてもできるだけ廃棄や無駄をなくす食生活が求められる。

第一次産業との連携の事例を、(株）ニチレイの『CSRレポート2010（ダイジェスト版）』より引用する。シナジー（相乗）効果が望まれる。

（1）水産物（海の恵みを生かすために）

未利用魚を活用した水産加工品

漁獲されてもサイズがそろっていない、食用としても知名度が低い等の理由から、廃棄され、飼料用に使われて、食卓に上がりにくい未利用魚をニチレイフーズの加工、冷凍技術を用いて商品化する試みを2009（平成21）年から実施している。京都府漁業協同組合連合会との協働。舞鶴港などで水揚げされた小型の魚（あじ、さば、さわら等）や骨が大きかったりとがっていたり（アカカレイ等）などの未利用魚を唐揚げにしたり、煮物料理にしたりして、京都府内の学校給食事業者向けに供給し、地産地消のサイクルを目指す。骨が食べにくい魚はニチレイが保有する『骨丸』技術（骨をやわらかくする）を活用することでカルシウムの効果的な摂取にもつながり学校給食関係から評価を得ています。さらに、衣は米粉を使用し、地元の水産物に対する児童、生徒の食育にも貢献している。FOOD　ACTION　プロダクト　部門優秀賞を受賞。

（2）農産物（土の恵みを生かすために）

ベジポート旭センター

ベジポート有限責任事業組合は、２００７（平成19）年ニチレイフーズと千葉県の農業生産法人（株）テンアップファームの共同出資で設立された。２００９（平成21）年6月には、千葉県旭市に青果物流通施設「ベジポート旭センター」を建設した。集出荷・選果・調整・包装に加えて貯蔵（チルド）と加工（野菜ピューレー・ジュース）機能を付加した農業生産物の複合型施設である。農業生産物は天候などの影響で収穫に波があり、需給調整のため、全量販売出来ないのが現状です。かつて生鮮品は大量生産大量廃棄の繰り返しでした。また見た目や形の悪いものも廃棄されていました。

ベジポートでは農家の段階での規格別選果・選別作業を廃止し、品質の問題がない限り全量契約により買付を行っています。農家の労働軽減と再生産価格の維持に努め、安心して農業に従事していただける環境を整備しています。一方、生活者・お取引先様にとっても生産の波は価格や調達の不安定さにつながり、国産農産物離れの一因となっていました。この波を吸収するためのチルド倉庫や温度管理されたパッキング施設を建設し、高品質野菜の安定供給を図っています。これらで需給調整出来ない農産物は野菜ジュースや冷凍ピューレー等に加工しています。美味しさを閉じ込め、賞味期限を伸ばし、野菜を１００％使い切り、環境に優しい経営を実践し、国産野菜のコスト削減にも貢献しています。現在ベジポートは地元の農家約２００軒から生鮮野菜（人参やトマト、ホウレン草）を集荷加工して、スーパー、外食チェーン食品加工メーカー（ニチレイフーズにも）に供給し、規格品も積極的に活用しています。

２０１０（平成22）年8月開催されたアグリフードフェアに行き、若い人たちが経営する農業法人のブースを訪問しましたが、どうしても発生する規格外品がお金に出来ず足を引っ張っているとのことでした。時代を背負う熱心な若者たちとメーカーは協働できればと痛感しました。

（３）畜産物（自然の恵みが循環する社会を目指して）

ニチレイグループでは地域の関係者と連携を図り、地域循環型の生産体制の構築に取り組んでいます。２００９（平成21）年度には純国産鶏種「純和鶏」の養鶏場として２００７年に（株）イシイと合弁で設立した（株）ニチレイフレッシュファームにて鶏糞を活用し、循環型の農畜産産業の取り組みを開始しました。岩手県の洋野農場ではバイオマス事業である「純和鶏」の鶏糞を、肥料に加工しています。最新の鶏糞処理プラントを設置し、処理をすべて農場内で実施しています。プラントにより鶏糞は1日で無菌化され有機肥料として製造されます。廃棄されていた鶏糞は有機肥料化され、環境負荷を抑えて、持続可能な農場経営を実践しています。

このリサイクルされた肥料は岩手県軽米町とその近辺の水田で使用されています。水田の多くは休耕田を活用し、純和鶏の専用飼料米を生産することで、純和鶏を起点とした資源の循環を果たしています。この飼料米プロジェクトを通じて地域農業の再生に寄与するとともに米を食べた純和鶏を消費者にお届けすることで、自給率向上の一助となることを目指しています。２０１０（平成22）年度は約１００戸の農家と契約し約50haの水田で飼料米を生産する計画です。

以上の、水・畜・農の一次産業とのコラボレーションの事例は、食糧自給率向上の施策であると期待される。利益を生む仕組み作りと、遭遇する障害を打破してのシナジー効果を期待してやまない。

第三の課題は二〇〇八（平成二十）年以降の冷凍食品消費量の減少に歯止めをかけ、成長路線に戻すことである。デフレ経済のなか、安売り競争、人口減少、少子高齢化の状況下、厳しい対応が求められる。技術開発による新商品開発、新分野への進出が現状打破の先兵となる。

冷凍食品の消費量の減少は、中国製冷凍ギョーザ事件の影響だけではないことを認識すべきである。業界全体の反省点として、近年は技術開発への努力よりは、投資の少ない製品のリニューアルに傾注していたと思う。また、他の食品業界との競争もある。冷凍食品以外にもチルド製品、麺、食肉製品、練り製品、レトルト製品、お弁当向け製品等、技術開発を基に魅力ある商品が売場に進出し、通販もまた強敵である。もっと美味しく、もっと便利な商品の開発が急がれる。

付録　環境問題への取り組みと（社）日本冷凍食品協会の紹介

冷凍食品会社の環境問題への取り組み

当時は一過性のものと思われたが、一九七三（昭和四十八）年、一九七八（昭和五十三）年の第一次、第二次石油ショックのころ、冷凍食品は省エネルギーの社会の流れにそぐわないというような誤解があり、買い控えの一つの要因にもなった。しかし、二十一世紀初頭に直面している地球温暖化の問題については、温暖化の原因といわれるCO_2（二酸化炭素）排出の多寡にかかわらず取り組むべき課題と位置付けて、各社独自に目標を定めて取り組んでいる。筆者の所属したニチレイの取り組みが中心になるが、紹介したい。

〈ニチレイフーズ（株）の取り組み〉

■最終処分廃棄物ゼロを目指す取り組み

ニチレイフーズの二〇〇七（平成十九）年度に発生した工場からの廃棄物は、一万七二八七トンに対して、最終処分廃棄物量は一三トンである。つまり、廃棄物の九九％以上がリサイクルされていることになる。最終処分廃棄物量とは、処分場に直接埋め立てられる廃棄物、および単純焼却される廃棄物の量である。

また、賞味期限切れ等により物流の段階で発生する食品廃棄物についても、堆肥化、飼料化、メタン発酵によるリサイクルが進められている。

ニチレイグループでは、目標として二〇一〇（平成二十二）年までに最終処分廃棄物量をゼロにすることを目標として掲げている。削減・リサイクルの成果として、次のような事例があげられる。

●外箱を廃止し、工場に持ち込まれるダンボールを削減する

従来、商品包装用のフィルムは、ダンボール箱に入った状態で工場に納入されていたが、この梱包をシュリンク包装に変更し、ダンボールの使用量削減を図った。

この取り組みでは、配送トラック内の清掃状況のチェックや工場での受け入れ検査方法を改良するなど、包装材料メーカーや運送会社にも協力してもらい、品質維持に努めている。白石工場では二〇〇七年度、八品目で二トン削減された。

●廃食用油を分離して飼料に再利用

長崎工場では、春巻やかき揚げを揚げる際に使用する油から揚げカスを取り除くために、濾材を使用している。以前は、この使用済みの濾材は油を含んだまま廃棄していた

が、現在では廃棄前に遠心分離機で油を絞り、絞った油を飼料の原料として売却している。

この取り組みによって、二〇〇七年度、三二トンの廃棄物を削減し、油の有効活用もできた。

■ CO_2削減の取り組み

食品工場では、主に加熱調理のために使用される燃料や、商品の冷凍時に使用される電力の利用に伴ってCO_2が排出される。食品工場では一九九九（平成十一）年を基準に、生産トン当たりの排出量（以下原単位）の削減に取り組んでいる。

二〇〇七年度の原単位は一九九九年比で七・五％削減された。しかし、廃油ボイラーの導入拡大、設備導入時の省エネルギー対応などを実施したが、品質保持のための低温化や検査設備の増強などにより、原単位は前年より増加した。

温暖化防止のための事例としては、以下のようなことがあげられる。

● 電気やフロンを利用しない空調設備の導入

白石工場では、電気を主動力源とする冷凍機ではなく、水が蒸発する際に周囲から熱を奪う気化現象を利用した省エネルギー・ノンフロン型冷却設備を導入した。これにより、年間八万五千キロワットの電力削減を見込んでいる。

●**廃食用油の再利用**

船橋工場では廃食用油を濾過し、ボイラー燃料と混合して再利用している。食用油は大豆や菜種油を原料としており、石油などの化石燃料の削減につながる。この取り組みは（株）中冷に続く事例であり、ニチレイグループでは今後さらにグループ会社の他工場への展開を検討している。

■**環境に配慮した商品の提供**

環境に配慮した商品として、次のような容器包装における改善を行っている。

●**使用容器包装重量の削減**

容器包装の大きさの適正化を図り、トレイの不使用、より軽量な素材の採用など、容器包装重量の削減に継続的に取り組んでいる。例えば、ミニハンバーグではトレイをより軽量なプラスチック素材へ変更し、トレイ重量を一四％削減し、プラスチック使用量を一二トン削減した。

●**脱アルミ蒸着、紙トレイの採用**

冷凍食品の包装に使われるフィルムには、ポリプロピレンなどのプラスチック素材にアルミを蒸着した、外部からの酸素侵入を防いで内容物の酸化による劣化を防ぐ複合資材のものがあるが、よりリサイクルしやすいように、アルミ蒸着をしなくても包装の機能が保てるプラスチック素材への切り替えを行っている。切り替える際には品質テストを実施し、品質に問題のないことを確認している。

　また、グラタン商品ではプラスチックトレイを使用していたが、二〇〇七（平成十九）年度に販売を開始した『蔵王山麓グラタン』『蔵王山麓ドリア』では紙トレイを採用した。

〈味の素冷凍食品（株）の取り組み〉

　味の素冷凍食品では、フロン（紫外線を防御するオゾンを破壊するといわれている物質）を使用した冷凍機の全廃計画が進行中で、フロンに代わる自然冷媒（アンモニアとCO_2）の冷凍機に置き換えている。計画では二〇二〇（平成三十二）年までに自社四工場、関連会社五工場の転換を完了する予定である。すでに三つの工場で五台の冷凍機が置き換え実施済みとなっている。

　CO_2の削減では、二〇一〇（平成二十二）年までに生産量当たりのCO_2排出量を二〇〇二（平成十四）年度比で二〇％以上の削減を追求している。この計画は、二〇〇七（平成十九）年度では一三％まで達成している。これは、使用済み植物油の燃料への利用、石油系燃料より環境負荷が少ないと言われる液化天然ガスへの転換、トラック輸送から鉄道輸送への一部置き換え等で実現している。トラック輸送から鉄道輸送への転換で、国土交通省より「エコレールマーク」第一次認定企業に選ばれた。

廃棄物の削減では、「グループゼロエミッション計画」が策定されており、国内九工場で、廃棄物の再資源化率は九九・八％に達している。食品残滓の堆肥化はもちろんのこと、無駄を出さない生産歩留の向上、良品率のアップや包装の見直し・簡素化に取り組んだ結果である。

包装の簡素化に取り組んだ結果、主に原料荷姿の簡素化で、ダンボールで従来より年間一〇〇トン、金属容器で年間三トンの削減を実現した。また、商品の包装では、包装フィルムの薄肉化のための材質切り替え、トレイの廃止などを行っている。

〈日本水産（株）の取り組み〉

冷凍機については、かなり早い段階から自然冷媒を使った冷凍機を導入しており（安城工場では三十年前からアンモニア冷媒の冷凍機を導入）、グループ会社を含めて導入を進めている。

CO_2の削減は部署ごとに目標を掲げ、二〇〇七（平成十九）〜二〇〇九（平成二十一）年で、二〇〇六（平成十八）年度を一〇〇として生産量当たり毎年一〇％の削減を打ち出した。達成状況は、二〇〇七年九〇％、翌二〇〇八（平成二十）年は八一％となっている。具体的には、太陽光発電の導入、日よけの設置とスプリンクラーによる散水で温度を下げる、機器の効率化運転による省エネ、重油から都市ガスへの転換、配管の見直し、照明器具の見直しなど、きめ細かく取り組んでいる。八王子工場では、二〇〇六年度に総量削減率一三%を達成し、二〇〇八年に東京都より表彰されている（AAA評価）。

物流面では、ドックシェルター（トラックコンテナと冷蔵庫の搬出入口の空間。冷気の漏れ防止と、昆虫などの侵入防止のために設置されている）から冷気を逃がさないように改良したり、老朽化した冷凍機を省エネ型に交換するなどして、従来より年間で一三万キロワットの電力使用を削減した。そのほか、設備機器に電力使用メーターを設置して使用電力を集中管理することで、更なる省エネ化に取り組んでいる。

廃棄物関連では、再資源化率は、二〇〇七年で八九%となっている。製造ラインにセンサーを取り付けて不良品発生を抑え、野菜くずなどはディスポーザーを設置し、すぐ廃棄するのではなく脱水して容量を減らしている。原料のダンボール一箱当たりの重量を変更して、ダンボールの削減にも取り組んでいる。また、商品の包装では、やはり軽量化、トレイの廃止を進めている。

〈日本冷凍食品協会の取り組み〉

ここでは紹介できなかったが、大手のマルハニチロ（株）、（株）加ト吉なども環境問題に積極的に取り組んでおり、冷凍機のノンフロン化や、高効率冷凍機の導入が進んでいる。中小の冷凍食品工場もこれに続いている。

日本冷凍食品協会は、冷凍食品業界の対策について、「容器包装3R活動の推進」と「環境自主行動計画」を中心に取り組んでいる。

①　3R推進のための自主行動計画

3Rとは、リデュース（Reduce：発生を減らす）・リユース（Reuse：再利用）・リサイクル（Recycle：再生利用）のことである。協会はリデュースを中心に活動を推進。二〇〇四（平成十六）年から実績比三％削減の目標を掲げてきた。

大手八社へのアンケート調査の結果、二〇〇七（平成十九）年度は四・九％の削減で達成した。これは、先に事例の一部について状況を示したが、トレイの廃止や薄肉化、紙トレイへの切り替え、軽量化、パッケージのダウンサイジング等の対策実施によるところが大きい。

②　環境に関する自主行動計画

二〇一〇（平成二十二）年におけるCO_2排出原単位を一九九〇（平成二）年の実績から一〇％削減、特定フロン早期全廃、廃棄物の発生抑制とともに、再資源化率を一九九七（平成九）年度より一〇％向上させる、企業ごとに環境保全を担当する専門部署ないし委員会を設置し、達成状況を掌握する等を掲げた。

しかし、まだ全体としてのCO_2削減が思うように進んでいない。各企業の具体的な対策は前記のとおりである。個別の先進的例は出てきているので、各工場での個別の有効な対策が、これからグループの工場に共有されると思われる。中堅企業でも環境改善に対する目標を掲げ、鋭意取り組んでいるので、これからが本番というところである。

地球温暖化防止へのCO_2ガスの削減は資金のかかることであり、緻密な投資計画が必要である。前記の主要各社の事例のように、現場でのきめ細かな対応、知恵を絞る試みが成果を出しつつあると思われるので、今後とも粘り強い環境対策への取り組みが期待される。

社団法人　日本冷凍食品協会の紹介

（社）日本冷凍食品協会は、冷凍食品産業の発展に多大な貢献をしてきた。それは普及事業、品質管理事業に集約される。一九六九（昭和四十四）年の設立で、二〇〇九（平成二十一）年に四十周年の節目を迎えた。

設立発起人代表の木村鉱二郎氏の「設立趣意書」があるが、木村鉱二郎氏は当時、日本冷蔵株式会社（現　株式会社ニチレイ）の代表取締役社長であり、長期間にわたって採算のとれなかった冷凍食品部門を存続・発展させたのは、木村社長の冷凍食品に対する際立つ思いがあってのことと推察される。

冷凍食品の生みの親とも育ての親ともいわれる木村氏の「設立趣意書」を読むと、その先見性に頭が下がる思いである。あまり目にすることのないものと思われるので、同協会紹介の冒頭に引用させていただく。

「社団法人日本冷凍食品協会設立趣意書」

今日ほど生鮮食料品の生産、流通、消費の各段階で進歩、改善が要請されている時代はありません。国民消費生活の向上により、食料品消費の高級化と季節商品に対する需要の周年化が進み、高い鮮度の商品を年間通じて豊富に品揃えすることが要求され、また生活の簡易化に対応して調理済食品の商品化が進んでおります。

また、他面、食料品価格、なかんずく生鮮食料品価格の安定は、物価の安定に大きく寄与するものであり、現在における最重要の政策目標の1つであることは言をまたない所であります。こうしたところから生鮮食料品については新しい形態の商品の普及とその物的流通の改革が必要とされ、そのために、いわゆるコールドチェーンの推進が各方面から叫ばれてきました。

コールドチェーンの本格的展開を図るためには、何よりもまず消費者に対する冷凍食品の認識を深めることが必要であり、このためには、冷凍食品の普及宣伝はもちろんでありますが、その冷凍食品を家庭において保存し、また、調理する方法の啓蒙宣伝をあわせて行うことが効果的であります。コールドチェーンの推進は、生鮮食料品の種類ごとの具体的事情を考慮して図るべきものでありますが、冷凍食品の普及は、その基本となる前提としての重要な意味を持つものであり、また、その普及の過程においては、いわゆるコールドチェーンの流れにおいてのもろもろの機械、機器設備についても新たな需要が喚起されることとなると信じます。

我が国においては、従来「社団法人冷凍魚協会」等を通じて、冷凍魚の消費普及活動が進められ、かなりの成果を上げてきましたが、さらに一歩を進めて、上記の趣旨により、コールドチェーンの本格的な整備を図るため、水産物のみならず家庭用調理品全般を対象とし、また、食品メーカーおよび冷凍食品関係機器メーカーがあい集まって、この運動を推進することと致しました。このため、「社団法人日本冷凍魚協会」及び「社団法人日本冷凍食品普及協会」を発展的に改組し、あらたに、「社団法人日本冷凍食品協会」を設立し、この目的に沿って強力な活動を展開しようと考えているものであります。

「社団法人日本冷凍食品協会」は関係官庁指導監督の下に、優良冷凍食品（冷凍魚を含む。以下同じ）の本格的宣伝及びその家庭における保存、調理施設の効率的な利用法の普及宣伝、冷凍食品の自主規格による格付け検査、冷凍食品の流通消費に必要とされる関係機器の導入の指導等を行うことにしておりますが、さらにより広範囲の関係者の理解と参集を得て、今度コールドチェーンに関する事業につき総合的な調査を進めることも考えております。

関係各位のご賛同とご協力をお願いするものであります。

昭和44年6月9日

設立発起人代表　木村　鉱二郎

一九六九（昭和四十四）年は、翌年に大阪万国博覧会を控え、丁度、北京オリンピックから上海万博へとはずみをつけた現在の中国の隆盛を思わせる、日本の高度成長の頂点に位置する時代である。まだまだ少なかったとはいえ、女性の社会進出も始まり、都会の家庭は核家族化し始め、冷蔵庫が普及してきたときである。

家庭の食卓は、簡便さと美味しさとが求められる時代に差しかかっていた。それをいち早く察知して、冷凍食品の普及に機器メーカーを巻き込んで乗り出していく決意に満ちた本趣意書は、今日の冷凍食品隆盛の起点としてある。とはいっても、冷凍食品の普及は冷凍技術の未熟さもあり、まだまだ食卓ではつけ足しの域を出なかった。そこには長く苦しい普及の歴史がある。

一九九九（平成十一）年、同協会の専務理事を勇退された比佐　勤氏が、冷凍食品への不評はびこる中、大変な努力を重ねてその挽回に努められた記録が、氏の著作『こんなこともあった～冷凍食品側面史～』（冷凍食品新聞社）に残されているので、一部を紹介する。

1　消費者向け普及活動

消費生活センターへの働きかけ

料理講習会。2泊3日の冷凍食品研修会開催等。

大蔵省から補助金を獲得して。現在全国170箇所のセンターとの絆を結ぶ。

高等学校家庭科教師の研修会

家庭科の教師を対象に冷凍食品ゼミナールの開催。1983年（昭和58年長野よりはじめ、1994年までの12年間で54回、2791名の先生に正しい冷凍食品の知識を広める。

高等学校には「くらしと冷凍食品」のビデオを教材として提供。

大学・短大冷凍食品ゼミナール開催

栄養士の卵を啓蒙。業務用ユーザー向けビデオ配布、「冷凍食品に関する正しい知識」の講演、料理のデモ等。大学11、短大40、合計9349人の学生が勉強。

業務用冷凍食品ゼミナール

現役の栄養士さんを対象に１９８５年（昭和60年）から実施。

消費者懇談会

一般消費者の生の声を聞く為の懇談会を開催。

冷凍食品タイムカプセル事業

１９７８年（昭和53年）～１９７９年（昭和54年）の1年間、33品目を保管し品質が変わらないことを実験で証明した。

その他の普及事業

フードウイーク協賛事業、冷凍食品産業展と産業会議、料理コンサルタント事業、テレビ番組出演、新聞記事連載、冷凍食品市場活性化対策特別事業などである。

2　品質管理事業

協会発足当時、水産大手数社が冷凍食品の製造に携わっていたが、食品関係各業種からの新規参入が予想され、まだ何の基準もないまま勝手に製造を開始し、市場に粗悪品が出回ると、第二次大戦直後のアメリカで起きた粗悪品の流通で消費者の不信を買い、在庫の山を築いた失敗を懸念する声が広まった。そこで木村鉱二郎初代会長の強い意志でもって、品質管理事業を協会の事業に加え、大きな柱とした。

冷凍食品自主検査制度の制定

識者による品質協議会の設置、協会内部に品質専門委員会が設けられ、冷凍食品のあり方が討議された。ほとんど何の規制もない中で消費者の期待を裏切らない高品質で安全かつ衛生的な冷凍食品の製造に関する規格、基準、検査方法、その実行の仕組みと運営の制度を作り上げた。

協会発足後わずか7か月後の1970年（昭和45年）に『冷凍食品の検査に関する諸規定』が発足した。

検査実施の仕組み

冷凍食品の会員が製造した製品を協会自身が検査するのでは、厳正かつ公平な検査は難しいとのことで、外部委託が適当と結論された。

輸出検査法に基づく通産省、農林省、厚生省の指定機関である（財）日本冷凍食品検査協会にその実務が全面的に委託された。

この検査制度の骨子は良い工場からは悪い商品は生まれないという考え方である。工場の設備と運営方法をチェックして基準に合格した工場を協会が確認した工場として認定し認定証マークを付けて出荷してよいこととした。

認定工場は製品の品質と衛生を自主検査し、その結果を毎週検査協会に報告するほか、検査協会からも毎月1回出張検査を行い、ダブルチェックを実施し、認定工場製品としての適格性を補完した。

協会の検査はあくまでも指導的、教育的機能に重点を置いて粗悪品を事前に予防するとともに品質の向上を図ることを主眼としていた。事実筆者の若いころは検査の方が来工され、品質管理のこと、生産管理のことを教えて頂くのが楽しみであった。

1973年（昭和48年）、当時の検査協会神戸検査所の熊谷所長（元検査協会理事長）の肝いりで関西に冷凍食品技術研究会が組織された。10年後関東にも設立され、冷凍食品に関わる技術者、品質管理者のレベル向上の為の『場』となり、今日でも機能しております。

冷凍食品自主的取扱基準制定

前述のようなアメリカの失敗を繰り返さないために、農林省と冷凍食品協会は、冷凍食品の製造・貯蔵・輸送・配送・販売の各段階における正しい取扱基準を定めることになった。農林省、通商産業省、運輸省・厚生省などの流通に関係する各省の指導の下に、流通各段階の代表者、学識経験者、主要消費者団体代表、生活協同組合代表にて『冷凍食品関連産業協力委員会』が組織された。

この委員会は食品製造、貯蔵、輸送（大口大量）、配送（小口少量）、販売の各部門、並びに販売用機器、輸送・配送機器、貯蔵用機器、などの冷凍食品関連機器製造部門ごとにそれぞれ専門委員会を組織して、部門ごとに策定された草案を委員会が審議して決定した。

我が国の冷凍食品業界が将来にわたって健全な発展を遂げていく為には、冷凍食品関連産業人がユーザーに対して『より良い冷凍食品』・『高品質で安全な冷凍食品』を提供するという共通の目的と責任を自覚すること、定められた基準を官から押し付けるのではなく、守るべき人達が自らその基準を制定し守ること、との深い考えに基づいて取られた措置であった。このようにして１９７１年（昭和46年）６月に制定されたのである。

品温管理

各段階における品温管理に関する規定を設けていた。前述のT-TT研究の結論を用いて、製造から消費に至る間一貫してマイナス18℃以下に管理することに決めている。

現在のコールドチェーンの原点である。先人達の「先見の明」に頭が下がる。この自主的取扱基準の遵守を流通業界に説得して回るのも冷凍食品協会の役割であった。普及事業とともに大変なご苦労をされたと伺っている。

当初は冷凍機付きの冷凍車などはなく、トラックに幌をかぶせただけでの輸送とか、ドライアイスで温度上昇を緩和しての運送であった。

冷凍食品の粘り強い普及事業と、先見性のあった品質管理事業は、今日の冷凍食品業界の発展に品質・安全の面で多くの貢献を果たしたことは大きく評価されてもよいだろうと思う。

品質・安全に関しては二〇〇二（平成十四）年の輸入冷凍ホウレン草残留農薬、二〇〇七（平成十九）年の中国製冷凍ギョーザ事件までは大きな事件を発生させずにいた。この二つの事件は誠に残念であるが、翻って考えれば、現在、海外に生産拠点を移した業界が、今一度原点に立ち戻る機会となったと言えるかもしれない。

業界は信頼回復に向けて、より安全な冷凍食品を提供するための品質保証体制構築に日々努力している。消費者にこのような努力を知ってもらうためにも、日本冷凍食品協会にはこれからも普及事業とともに「安全・安心」の企業の取り組みの広報をお願いしたい。

【著者紹介】

野口　正見（のぐち　まさみ）

京都大学農学部水産学科卒業後、日本冷蔵株式会社（現（株）ニチレイ）に入社。1969年より冷凍食品の製造現場に勤務、以後一貫して生産畑を歩む。出向した千葉畜産工業（株）では食肉を勉強し、『からあげくん80』の開発・商品化に携わり、会社の成長に貢献した。高槻食品工場では工場長として千葉畜産での経験を生かし、『チキンナゲット』の大ヒットを導き、ロングライフ商品の『からあげチキン』を商品化した。食品技術部長、取締役生産部長を歴任し、退任後は千葉畜産工業（株）代表取締役社長として経営の立て直しを図り、企業風土の改革により成果を上げげた。退任後はコンサルタントとして5S活動を中心に企業改革の指導と講演活動（冷凍食品から学ぶ成長戦略、原料受入・製造現場の適正診断・経営者の考え方等）に従事。

白石　真人（しらいし　まさと）

京都大学農学部修士課程修了後、日本冷蔵株式会社（現（株）ニチレイ）に入社、研究所に勤務。退職後は食品総合研究所、東京大学農学国際専攻に非常勤で勤務、現在東京海洋大学海洋科学部産学官連携研究員。農学博士。

・日本獣医生命科学大学、三重大学非常勤講師。

・社団法人日本冷凍空調学会　常務理事、副会長、学会誌編集委員会副委員長、参与、等。

・主な著書：食品冷凍技術研究会誌、文献紹介「ここがポイントかな」その１～その29（連載）。新酵素利用技術と応用展開（共著）（シーエムシー、2001）食品とガラス化・結晶化技術（共著）（サイエンスフォーラム、2000）、バイオテクノロジー試薬（共著）（化学工業日報社、1989）他。

ぜひ知っておきたい　**日本の冷凍食品**

2011年4月20日　初版第1刷発行

著　者　野口正見
白石真人

発行者　桑野知章
発行所　株式会社　幸書房
〒101-0051 東京都千代田区神田神保町3-17
TEL03-3512-0165　FAX03-3512-0166
URL　http://www.saiwaishobo.co.jp

印刷　シナノ

ISBN978-4-7821-0351-7　C1077